国家自然科学基金项目(41501013、41801103）资助
河南省科学院杰青人才培养专项项目(190401002)资助

基于地理国情监测的生态格局及状况综合评价研究

——以河南重要生态区为例

邱士可 李双权 熊长喜 胡婵娟 著

U0227624

黄河水利出版社
· 郑 州 ·

图书在版编目(CIP)数据

基于地理国情监测的生态格局及状况综合评价研究：以河南重要生态区为例/邱士可等著.—郑州：黄河水利出版社,2018.5
ISBN 978 - 7 - 5509 - 1950 - 1

Ⅰ.①基…　Ⅱ.①邱…　Ⅲ.①生态环境建设 – 研究 – 河南　Ⅳ.①X321.261

中国版本图书馆 CIP 数据核字(2017)第 323856 号

组稿编辑:陶金志　电话:0371 - 66025273　E-mail:838739632@qq.com

出　版　社:黄河水利出版社　　　　　　　　　　网址:www.yrcp.com
　　　　　地址:河南省郑州市顺河路黄委会综合楼 14 层　邮政编码:450003
发行单位:黄河水利出版社
　　　　　发行部电话:0371 - 66026940、66020550、66028024、66022620(传真)
　　　　　E-mail:hhslcbs@126.com
承印单位:河南瑞之光印刷股份有限公司
开本:787 mm×1 092 mm　1/16
印张:11.75
字数:205 千字　　　　　　　印数:1—1 000
版次:2018 年 5 月第 1 版　　　印次:2018 年 5 月第 1 次印刷

定价:108.00 元

编著委员会（未按姓氏笔画排序）

顾　　问：刘先林　　王家耀　　童孟进　　程鹏飞

　　　　　黄道功　　刘济宝　　刘纪平　　宋新龙

主　　编：邱士可　　李双权　　熊长喜　　胡婵娟

副 主 编：杜　军　　郭　雷　　马玉凤　　房玉华

　　　　　李世杰

编著人员：翟亚娟　　宁晓刚　　董　春　　李洪芬

　　　　　王　超　　刘　鹏　　宋立生　　张中霞

　　　　　任　杰　　刘　伟　　杨青华　　谢孟利

　　　　　李世杰　　郭佳伟　　刘　勋　　王玉钟

　　　　　孙婷婷　　张　帅　　黄晓博　　赵新娜

　　　　　梁少民　　张小磊　　高　峥　　程广林

前　言

　　地理国情即以地理来综合反映基本国情,利用地理学的空间性、整体性及综合性特征,从地理的角度进行描述、分析与探讨国情,表达地理空间紧密关联的地表自然环境、自然资源、人工设施等具有国情特征的重要地理信息;同时,实现国情的空间可视化,即把国情信息用地理空间来表达反映。地理国情是基本国情的重要组成部分,通过开展地理国情普查,全面获取地理国情信息,掌握地表自然、生态及人类活动的基本情况,分析其空间分布、基本特征及其相互关系等,为开展常态化地理国情监测奠定基础,满足经济社会发展和生态文明建设的需要,提高地理国情信息对政府、企业和公众的服务能力。

　　河南省地处中原,是我国东西、南北两个过渡带的交会中心,地貌类型多样,气候复杂多变。南北由著名的秦淮—大别温度主导的地理分界线,东西又处在我国第二级阶地向第三级阶地以降水为主导的地理过渡带。北、西、南有群山环绕,中东部属于平坦辽阔的黄淮海平原,自然地理类型复杂多样。人们根据自然条件因地制宜进行的长期生产实践活动又使该区域的开发和区域发展类型相当多样化;同时,该区域又是东、西、南、北文化的过渡地区,北部的中原文化与南部的吴越楚地文化,东部的中原文化与西部的秦晋文化交相辉映。特殊的地理背景和历史发展,使该区域呈现出多姿多彩的地理景观,中原地区因此也成为我国十分特殊的地理国情监测区域。当前中原经济区、国家粮食生产核心区、郑州航空港经济综合实验区等三大国家战略的实施,使区域发展面临更加复杂和多变的地理国情。开展河南省重要生态功能区生态格局综合统计与分析,摸清我省地理国情本底状况,能够为省委、省政府实施重大战略和重大工程等科学决策提供重要依据,以提升河南省地理国情监测的技术支撑能力,为河南省地理国情常态化监测奠定科学基础。

　　本书以河南省生态区与典型区为研究范围,以地理国情监测数据为基础,开展河南省生态区生态格局及状况的综合评价研究。全书的编写工作由邱士可、李双权、熊长喜、胡婵娟、杜军为主要完成人。具体编写分工如下:第1章由胡婵娟、邱士可、李双权编写;第2章由邱士可、熊长喜、李双权、胡婵娟、杜军编写;第3章由李世杰、房玉华、杜军、马玉凤编写;第4章由郭雷、李双权、胡婵娟、王超、刘鹏编写;第5章由李双权、郭雷、杜军、房玉华、刘伟、宋立生编写;第6章由胡婵娟、李双权、马玉凤、杨青华、刘勋编写;第7章由胡婵娟、郭雷、李世杰、张中霞、任杰编写;第8章由李双权、杜军、马玉凤、刘伟、王超等编写;第9章由邱士可、李双权、杜军、熊长喜、胡婵娟编写。

地理国情学科发展处于起步阶段,学科理论与方法还不够完善与成熟。本书是地理国情普查成果在生态格局评价中的综合应用,在模型与方法上力求科学与实用,但由于水平有限,难免有不足之处,敬请各位专家及读者批评指正。

编　者

2018 年 1 月

目　录

第1章　概　述

1.1　研究背景与意义

地理国情主要是指地表自然和人文地理要素的空间分布、特征及其相互关系，是基本国情的重要组成部分。地理国情普查是一项重大的国情国力调查，是全面获取地理国情信息的重要手段，是掌握地表自然、生态及人类活动基本情况的基础性工作。开展全国地理国情普查，系统掌握权威、客观、准确的地理国情信息，是制定和实施国家发展战略与规划、优化国土空间开发格局和各类资源配置的重要依据，是推进生态环境保护、建设资源节约型和环境友好型社会的重要支撑，是做好防灾减灾工作和应急保障服务的重要保障，也是相关行业开展调查统计工作的重要数据基础。为全面掌握我国地理国情现状，满足经济社会发展和生态文明建设的需要，于2013～2015年第一次开展了全国地理国情普查工作，取得了一系列丰硕成果。2016年11月，张高丽副总理在全国地理国情普查领导小组全体会议上要求全国各地认真开展常态化地理国情监测。

地理国情综合统计分析是地理国情普查的重要工作环节，是以地理国情普查与监测数据成果为基础，结合专业部门的社会、经济和环境等数据，围绕国家和区域重大战略部署和重大工程实施进行综合统计与分析，能够客观反映区域经济社会发展与国土空间布局、生态格局、区域经济发展状况等，揭示经济社会发展与自然资源环境的内在联系和演变规律，为区域综合规划、决策、监督等部门提供独立、客观和现势的参考信息和科学数据。

党的十八大提出要大力推进生态文明建设，把生态文明建设放在突出地位，融入经济建设、政治建设、文化建设、社会建设各方面和全过程，"五位一体"地建设中国特色社会主义。河南地处中原，地貌类型复杂，气候变化多样，生态特色明显，在河南省开展生态文明建设所取得的成就和经验，在全国无疑具有典型示范和带动作用。以河南省地理国情基本普查数据为基础，开展河南省生态区生态格局综合统计分析，符合河南省的战略发展要求，是建设美丽河南的需要，能够为河南省生态文明建设提供科学依据。因此，本书研究结合河南省主体功能区划和河南省生态环境功能区划的要求,以太行山地生态区、伏牛山地生态区及桐柏大别山地生态区为主要研究对象,从生态压力、生态现状和生态响应等三方面对河南省生态区生态格局进行综合统计分析,同时以南水北调中线工程源头国家级生态功能保护区(河南部分)与河南省淮河源国家级生态功能保护区为典型区域,对河南省国家生态功能保护区开展生态系统格局与质量的综合分析,以期为河南省地理国情综合统计分析奠定基础,为河南省制定重大生态建设战略方针提供科学依据。

1.2 研究进展

1.2.1 地理国情研究进展

目前,国外在地理国情方面做了大量的工作。2001年,联合国启动"千年生态系统评估"项目,得到全球100多个国家和地区的响应。美国发表了《国家生态系统报告》,英国科学家发表了《英国生态系统评估报告》,加拿大、澳大利亚,以及美国还在省(州)尺度开展生态系统评估。美国与2002年和2008年分别公布了《国家生态系统状况报告》,建立了稳定的国家生态系统调查核心指标体系,并不断更新和丰富,为社会公众和环境管理提供了信息支持。2003年,欧盟启动了提供陆地监测、海洋监测、应急管理、大气监测和安全监测五大类的"全球环境与安全监测计划"。2007年,加拿大使用RS资料编绘了系列社会经济指标统计地图开始生产实时的地理国情信息资料。2008年,美国发布了地理信息动态监测和分析五年规划,并已成为美国最为重要的战略性规划之一。近年来,澳大利亚陆续开展了多个由政府部门资助的地表覆盖项目。

在我国继2000年国家环保总局组织开展第一次全国生态环境调查之后,为了更好地满足国家发展的战略需求,探索在新形势下的中国环保新道路,2012年由国务院批准,经财政部同意,环境保护部、中国科学院联合开展"全国生态环境十年变化(2000—2010年)遥感调查与评估"工作,随后2017年开展"全国生态状况变化(2010—2015年)调查与评估"工作,这些工作为环境管理和决策提供了信息服务。

为全面掌握我国地理国情现状,满足经济社会发展和生态文明建设的需要,国务院下发了《国务院关于开展第一次全国地理国情普查的通知》(国发〔2013〕9号),决定于2013年至2015年开展第一次全国地理国情普查工作。

地理国情普查是一项重大的国情国力调查,是全面获取地理国情信息,掌握地表自然、生态及人类活动基本情况的重要手段和基础性工作,对于权威、客观、系统、准确地掌握我国自然和人文地理国情信息,提高测绘地理信息公共服务能力,更好地服务于防灾减灾、应急保障及相关行业调查统计等工作,推动国家重大发展战略制定实施及资源合理配置,推进节约型社会和生态文明建设具有重要意义。

我国制定了地理国情监测总体设计,将围绕经济社会、生态环境等党和国家关注的重大问题和热点问题等,实施定期常态化监测,提供地理国情业务化、常态化服务。2016 年 11 月 22 日,中共中央政治局常委、国务院副总理、第一次全国地理国情普查领导小组组长张高丽主持召开全国地理国情普查领导小组全体会议,审议并通过了第一次全国地理国情普查工作和成果报告及普查相关成果,并要求全国各地认真开展常态化地理国情监测。然而,当前在河南省地理国情普查和监测工作中,主要集中在现势性地理国情监测数据的获取、处理与信息提取,而在地理国情监测核心框架、重要地理国情时空变化检测、地理国情时空统计分析与地理开发指数构建等方面还有待深入研究。此外,有关地理国情监测的基础理论、方法与技术体系的研究亟待加强。

1.2.2 生态格局研究进展

1.2.2.1 景观格局与生态过程

景观格局(Landscape pattern)一般指空间格局,是指大小和形状不一的景观斑块在空间上的配置。景观格局的形成受自然、生物、人类活动等因素在不同尺度上的共同作用。其中,气候、土壤、地形等非生物因素为景观格局提供了物理模板,种群动态、动物行为、生态系统过程等生物因素与人类活动(主要表现为土地利用)在此基础上的相互作用导致了多姿多彩景观格局的形成。

目前,景观格局研究主要集中于两个方面:景观格局的描述和景观格局的动态变化分析。其中,景观格局的描述是指采取一些景观指数和空间统计学方法,对景观中斑块数量、大小、形状、空间位置、分布类型、空间相关特征等进行定量的分析,侧重于景观镶嵌体格局的空间特征。景观格局的动态变化分析,则重在分析景观格局在不同时期的变化特征,及其相应的驱动机制。景观格局在不同时期的变化特征可以通过景观格局指数与空间特征的比较、马尔科夫转移矩阵、细胞自动机模型等来实现;景观格局的驱动机制研究则往往通过诸如主成分分析等统计学方法来进行。

景观格局指数是高度浓缩的景观格局信息,是反映景观结构组成、空间配置特征的简单量化指标。在过去几十年的时间里,景观格局指数的研究与应用得到了快速的发展,提出和发展了一系列的景观格局指数。这些指数在总体上包括两个方面,即景观单元特征指数和景观异质性指数。其中,景观单元特征指数是指用于描述斑块面积、周长和斑块数等特征的指标;景观异质性指数包括多样性指数、镶嵌度指数、距离指数及生境破碎化指数等。此外,根据景观格局特征分析的层次不同,也可分为斑块水平(Patch level)、斑块类型水平(Class level)和景观水平(Landscape level)3 个层次的景观格局指数。

景观格局指数的发展还表现为一系列景观格局分析程序的出现,如 Fragstats、Patch Analyst、LEAP Ⅱ 等。Fragstas 是其中比较著名、使用比较普遍的景观格局分析软件,该软件有用于矢量数据和栅格数据分析的两个版本,前者是商业软件,可以接受 ArcInfo 的 Coverage 数据,后者是免费软件,可以处理 ArcGrid、ASC Ⅱ、ERDAS 和 IDRISI 等格式的数据。该软件与 GIS 结合,出现了 Fragstats for ArcView 和 Fragstats * ARC 等程序。Patch Analyst 是基于 Avenue 和 C 语言开发的软件包,包括处理矢量数据和处理矢量栅格数据两个版本,其中后者是基于 Frastats 开发的,需要 ArcView 的空间分析扩展模块的支撑,计算结果可以直接导入 Excel 或其他数据库软件进行统计分析。LEAP Ⅱ 由加拿大安大略森林研究院森林景观生态研究组开发,主要用来研究、监测和评价景观的生态学特征。该模型可以从破碎度、空间几何特征、连通性等不同角度分析景观,监测管理和政策实施后的景观生态学指标的变化,并结合其他工具对不同管理措施和政策模拟情景进行评价。

景观格局指数是应用最为广泛的一种景观格局分析方法,迄今为止,已经提出大量的景观格局指数,可以做斑块面积指数、边界形状指数、邻近度指数、构型指数、多样性指数、孔隙度指数、景观空间负荷对比指数等分类。然而现有研究对于景观格局指数的生态学意义缺乏深入的探讨,很多研究只关注景观格局几何特征的分析和描述,缺乏与相关生态过程的联系。景观格局模型则仅通过确定景观转移概率或考虑邻近单元影响及智能体决策行为确定转换规则,模拟预测景观空间格局动态,而常常忽略生态过程,很难从机制上解释格局变化的原因与细节。

生态过程(Ecological process)包括自然和人文两个方面。其中,自然过程主要包括种群动态、种子或生物体的传播、捕食者和猎物的相互作用、群落演替、干扰传播、物质循环、能量流动等,是生物与非生物要素在时空尺度上的发展、变化、迁移与运动。生态过程中的人文方面是指人类社会的长期进化与发展所出现的人类活动与文化过程。人类活动与人类文明的发展,一方面,对自然景观产生了巨大的破坏作用;另一方面,也将自然景观逐渐改造为有利于人类生存的格局。

生态过程研究则通过实地观测与模型模拟进行。在较小的空间尺度上,有关生态过程的数据采集主要通过实地观测和实验的手段来完成;现有的生态过程模型应用多集中在生物量模拟、碳固定、营养物模拟及气候因子、火烧和人类干扰等对这些生态过程影响的研究上;然而过程模型参数化的尺度较小,模型开发中忽略了景观格局的空间异质性,在土地利用/覆被类型多样的景观、区域尺度上适用性较差。

1.2.2.2 生态系统服务功能

20 世纪 70 年代初,联合国召开第一次人类环境会议之后,人们开始关注人与自然的关系。特别是,1992 年联合国环境与发展大会上提出的"可持续发展理念",更是深入思考了自然对人类社会生存和发展的支撑作用。在此背景下,生态系统服务的概念被提出。生态系统服务功能受到破坏与退化,被认为是人类当前面临多种生态问题的根本原因,引发了越来越多的国家开始关注和实施生态系统服务管理。

1997 年,国际著名生态学家 Daily 出版 *Nature's Service：Societal Dependence on Natural Ecosystem*,成为生态系统服务的开创性书籍。同年,Daily 等在美国生态学会官方出版物 *Issue in Ecology* 上发表"Ecosystem Services：Benefits Supplied to Human Societies by Natural Ecosystems"科学报告,阐述了生态系统服务的主要类型,以及维持生态系统服务的主要威胁及其评价;Costanza 等在 *Nature* 上发表的"The value of the world's ecosystem services and natural capital",初步估算全球生态系统总价值大约为 30 万亿美元/a。这两篇文献的问世被认为是生态系统服务概念兴起的里程碑事件。

生态系统服务的提出是相关领域的科学家们进一步探索和认知生态系统及其与人类社会可持续发展之间关系的一种新的尝试。不同领域科学家对生态系统服务有着不同的理解,提出了不同的分类体系。Daily 认为生态系统服务是指自然生态系统及其物种所提供的能够满足和维持人类生活需要的条件和过程,从生态系统产品供给等 9 个方面描述了生态系统服务的构成和特征。著名生态经济学家 Costanza 认为生态系统产品和服务是指人类直接或者间接从生态系统功能中获得的各种收益,从气候调节等 17 个方面描述了生态系统服务的构成和特征。联合国实施的千年生态系统评估认为生态系统服务是人类从自然生态系统中获得的各种收益,从供给、调节、文化和支持等四大类 23

个方面描述了生态系统服务的构成和特征,该种理解和描述得到较为广泛的认可。

1.2.2.3 生态系统综合评估的框架模式

1.基于"生态压力—政策响应"的评估框架模式

人类社会发展是通过不断改造生态系统和利用生态系统,不断向生态系统索取而满足自身可持续发展需要的过程,这一过程对生态系统产生着不同程度的压力。同时,在这一过程中生态系统数量和质量不断被改变,进而影响到人类社会改造和利用生态系统的行为(包括获取成本、适应行为、管理行为等)。为科学地回答人类社会与生态系统交互过程中,生态系统发生了什么、为什么发生和人类社会应该如何行动,"生态压力—政策响应"模式的基础模型是加拿大统计学家 Rapport 和 Friend 于 1919 年提出的"压力(Pressure)—状态(State)—响应(Response)"模型,简称为 PSR 模型。可以看出,该模式的核心思想就是人类活动对生态系统产生压力,致使生态系统状况发生变化;面对这种变化,提出人类社会应采用的行动和措施。

联合国经济合作与发展组织和联合国环境规划署等研究国家重大环境问题中,"生态压力—政策响应"模式的框架体系被广泛采用。为定期评估和回答环境状况及其变化、原因和实现未来可持续发展的对策建议,1995 年联合国环境规划署启动了全球环境展望(Global Environment Outlook,简称 GEO)项目,该评估模式被采用。自 1997 年发布首份全球环境展望评估报告以来,截至 2012 年已经发布了五期评估报告。第六期评估已于 2014 年 10 月 23 日启动,2016 年 12 月 10 日《全球环境展望亚太区域评估》报告发布。基于"生态压力—政策响应"评估模式,全球环境展望项目发展提出了"驱动力(Drivers)—压力(Pressure)—状态(State)—影响(Impact)—响应(Response)"生态系统综合评估框架,简称为 DPSIR 框架。全球环境展望评估主要包括土地、森林、生物多样性、水、大气、海洋和海岸带、城市区域、灾害、社会经济等主题。围绕着这些评估主题和物种丧失等 25 项主要内容,建立了动植物濒危物种数量等 70 项核心指标体系,全面评估分析全球环境和影响因素的现状与变化趋势,识别社会和环境之间复杂的、多维度的因果关系,服务于全球生态系统的决策管理。

2.基于"生态系统服务—人类福祉"的评估框架模式

面向《生物多样性公约》《联合国防治荒漠化公约》《湿地公约》等国际公约对生态系统状况科学评估的需求,借鉴联合国政府间气候变化专门委员会定期评估并发布气候变化报告工作机制的经验,国际社会开始推动 5 年或 10

年为一个周期的全球生态系统状况评估和报告发布机制。为此,2001年联合国启动了千年生态系统评估(Millennium Ecosystem Assessment,简称MA)项目。千年生态系统评估以"供给、调节、支持、文化"等生态系统服务为核心内容,建立了"生态系统服务—人类福祉"模式的综合评估框架。进而,通过国家、区域和全球多尺度相结合,评估了全球生态系统的现状、变化及未来情景,分析了生态系统及其变化与人类福祉之间的关系。千年生态系统评估首次实现全球尺度生态系统状况的综合评估,对推动生态学学科发展,特别是生态系统综合评估的发展具有里程碑意义。

受千年生态系统评估的影响,2007年英国开始动议开展国家生态系统综合评估。2009~2011年,英国环境、食品和农村事务部组织实施和完成了国家生态系统评估工作。评估将生态系统分为山—高沼地—荒地、半自然草原、封闭式农田、森林、淡水开阔水域、湿地—洪泛区、城镇、海岸、海洋等8个一级和32个二级类,按照"生态系统服务—人类福祉"模式,提出了"生态系统服务—物质供给—人类福祉—变化驱动力"的生态系统综合评估框架。进而将国家和区域尺度相结合,完成了国家陆地、淡水和海洋生态状况及其变化的综合评估,分析了生态系统变化对人类福祉的影响。与此同时,欧洲许多国家也借助千年生态系统评估的实施,如西班牙、葡萄牙、波兰等国也陆续开展了国家生态系统状况综合评估。之后,瑞士、德国和挪威等国也陆续部署了国家生态系统状况评估。法国、奥地利、比利时、保加利亚、芬兰、黑山、荷兰、罗马尼亚、瑞典和土耳其等国相继开展一些国家生态系统状况评估的技术研究和准备工作,提出了开展国家生态系统综合评估的计划。2008年,欧盟环境委员会启动"欧洲生物多样性信息系统"项目,也将生态系统综合评估作为评估的重要内容之一。

面对生物多样性减少和生态系统服务退化,制定并实施科学有效的政策管理措施,抑制并改善区域、国家和全球生物多样性水平和生态系统服务,保障人类社会可持续发展所必需的生态安全和基础资源供给能力,成为国际社会关注的重点问题。2010年12月20日,第六十五届联合国大会通过决议建立生物多样性和生态系统服务政府间科学政策平台(Inter - governmental Platform on Biodiversity and Ecosystem Services,简称IPBES)。IPBES主要就是建立一种科学和政策协调机制,综合分析利用政府机构、研究机构或学术组织、非政府组织或公益组织等提供的生物多样性和生态系统服务的相关信息与知识,使得不同信息之间相互协同和补充,实现对生物多样性和生态系统服务的全面认知,从而提出科学有效的保护措施并付诸实施。与联合国气候变化专门委员会类似,IPBES 是一个向联合国所有成员国开放的政府间合作机构。建立 IPBES 的主要目的就是通过政府间相互合作综合判断和利用现有科学知识,实现生物多样性和生态系统服务形成有价值的评估,定期开展生态系统状况的综合评估。2013 年 12 月在土耳其安塔利亚召开的第二次全体会议上确定了生态系统综合评估的概念框架。

3. 基于"自然益惠—生态管理"的评估框架模式

人类福祉和社会发展都是直接或间接地依赖于生态系统的支撑而实现的。为了更加明晰地体现生态系统的这种价值,联合国环境规划署推动实施了自然价值可视化的全球行动,即生态系统和生物多样性经济学(The Economics of Ecosystems and Biodiversity,简称 TEEB) 项目计划。TEEB 项目计划是受 G8 +5(八国集团和发展中五国)委托,2007 年由德国和欧盟委员会启动,由联合国环境规划署主持的全球性的生态系统评估项目。实施该项目的目的是通过确定的生态系统和生物多样性经济方法,科学评估生态系统服务和生物多样性的价值,为正确认知、科学管理和合理使用这些价值而提供决策支持服务,从而提升生态系统管理和保护水平。TEEB 项目计划是以千年生态系统评估为基础,通过评估生物多样性丧失和生态系统退化的经济重要性,进而分析生物多样性丧失和生态系统退化对人类福祉产生的负面影响。TEEB 项目计划就是建立一个生态系统和生物多样性有效管理的工具,通过综合评估生态系统提供的各类生态系统服务价值和自然益惠,让人们了解政策选择、行政措施、商业决策和消费者行为可能对生态系统产生的影响,进而逐步分析问题并提出政策方案。

TEEB 项目计划提出了"从生态系统和生物多样性到人类福祉"的评估框架和路径。TEEB 项目计划核心就是基于千年生态系统评估项目获得对生态系统的认知,利用生态系统和生物多样性经济学方法开展生态系统服务价值评估。具体来说,TEEB 项目计划是集成利用多种生态经济学方法,实现对生态系统和生物多样性的直接使用价值、间接使用价值、选择使用价值和非使用价值的全面评估,从而得到生态系统和生物多样性的经济价值总量;然后,进一步分析生态系统和生物多样性与人类社会的互动关系,实现对生态系统和生物多样性与人类社会的科学决策和合理使用。基于 TEEB 项目计划提出的"自然益惠—生态管理"评估模式,重点回答五个方面的问题:自然资本及其变化的主要驱动力是什么? 是否测量和认知了自然资本状况? 自然资本融入决策管理中的程度? 政策关注需求的主要内容是什么? 哪些政策工具和决策选择可以供决策者选择?

4. 基于"综合状况—变化趋势"的评估框架模式

毫无疑问,生态系统综合评估都是为了科学准确地了解生态系统变化,服务于生态系统管理,进而增强生态系统对人类社会的支撑能力。"生态压力—政策响应""生态系统服务—人类福祉"和"自然益惠—生态管理"等生态系统综合评估模式,将生态系统管理和政策措施作为重要内容之一。相比而言,"综合状况—变化趋势"评估模式更多地强调了对生态系统现状及其变化趋势的综合评估,而对生态系统管理和政策措施等相关内容涉及较少。

在美国,国家生态系统状况项目是由白宫科学和技术政策办公室于1997年发起,后来得到国家改善环境质量委员会的支持。评估将生态系统分为农田、森林、草地与灌木林、淡水、城镇、海岸与海洋等六类,基于"分布和格局—化学和物理特征—生物组成—物质供给与服务"的评估框架,利用108项主要指标,从全国和生态系统两个尺度上,评估分析国家土地、水和生物状况及其变化。2002年发布了第一次评估报告,即《国家生态系统状况:土地、水及生物资源》,2008年发布了第二次评估报告。从两次评估报告来看,美国生态评估主要基于相对固定的指标方法分析生态监测数据,客观反映生态系统变化的真实过程,"把脉"美国国家生态系统。

在中国,经过两次生态系统综合评估实践之后,已经基本形成了基于生态系统"状况—趋势"的评估模式,特别在刚刚结束的第二次生态系统综合评估,即全国生态环境十年变化(2000—2010年)遥感调查与评估,该模式的特点更为明显。此次综合评估以2000年为基准年,2010年为现状年,以遥感技术为主、地面调查为辅的"天地一体化"生态调查技术方法体系,从国家、区域和省域三个空间尺度,基于生态系统的"格局—质量—服务—问题—胁迫"的评估框架,系统调查和获取过去10年国家生态系统基本信息,现势评估和掌握不同年份国家生态系统的状况,揭示和摸清过去10年国家生态系统的时空变化特征规律,总结全国生态保护工作成效和经验,提出新时期国家生态环境保护对策与建议。

第2章　综合统计分析内容与总体框架

2.1　研究目标与内容

2.1.1　研究目标

总体目标:以科学发展观为指导,围绕新时期国家发展战略和生态保护监管的重大需求,以地理国情普查数据为基础,结合社会、经济等其他相关部门数据,全面获取生态环境质量现状信息,揭示各区域内生态环境与人口、经济、社会等要素在地理空间上的相互作用、相互影响的内在关系,了解重要生态区域生态格局的发展程度,研究提出新时期我省生态环境保护的对策,为河南省生态文明建设与生态保护工作提供系统、可靠、及时的科学依据。具体目标如下:

(1)全面掌握河南省重要生态区域的生态环境现状基础信息,阐述和评估生态区生态系统压力、生态状况、生态响应及生态功能保护区生态问题状况特征,对河南省生态区生态格局进行深入综合统计分析。

(2)在生态区生态格局综合统计分析基础上,重点分析国家级生态功能保护区生态格局、质量状况,了解其生态系统构成、质量及其展布,揭示各类生态系统空间转换特征及生态系统质量变化过程,总结其生态建设成效,对生态区存在的生态环境问题提出对策建议。

(3)构建宏观生态环境管理所必需的技术能力体系,为开展常态化地理国情监测奠定基础,满足社会经济发展和生态文明建设的需要,提高地理国情信息对政府、企业和公众的服务能力。

2.1.2　研究内容

以2015年为现状年,基于基础测绘成果、地理国情普查数据,结合社会经济活动统计数据及其他专题数据,构建综合统计分析指标体系,开展生态区和重点生态功能区两个空间尺度的生态格局及生态服务功能的综合统计分析，提出新时期生态环境保护的对策建议。

2.1.2.1　生态区生态格局综合统计分析

选择太行山地生态区、伏牛山地生态区、桐柏大别山地生态区为研究区域，对区域区划边界进行提取；收集区域地理国情普查数据并进行预处理；根据区域的植被覆盖特点、景观特色，选取适合的统计单元；充分利用地理国情数据成果，构建重点生态区生态格局指标体系，计算植被受干扰指数、林地覆盖率、城市绿地面积占比等基础指标，构建区域生态格局综合评价指数。基于综合指标计算、指数构建及综合评价结果，对存在的主要生态环境问题及人类活动对生态环境的影响进行分析。

2.1.2.2　生态功能区生态服务功能的评估

选择南水北调中线工程源头国家级生态功能保护区（河南部分）、河南省淮河源国家级生态功能保护区为典型区域，利用 2000 年、2005 年和 2010 年三期河南省生态系统分类数据，开展生态系统构成、分布及其变化研究，揭示生态系统空间分异规律与转化特征。利用 LAI、净初级生产力等遥感反演数据，分析各类生态系统质量状况、空间展布及其变化过程。结合生态功能保护区生态建设成效，挖掘其存在的主要问题，提出生态功能保护区环境保护、维护生态安全持续改进的对策和建议。

2.2　总体思路与技术路线

2.2.1　总体思路

以 2015 年为现状年，基于基础测绘成果、地理国情普查数据，结合社会经济统计数据，构建评估指标体系，开展全省自然地理单元、社会经济区域单元等不同空间尺度的生态格局综合评估分析，提出新时期生态环境保护的对策建议。

2.2.1.1　构建评估指标体系

在生态区尺度上，横向从生态压力、生态状况、生态响应三个维度，纵向分一、二、三级构建能充分反映生态格局专题统计分析的评价指标体系，从而形成正确地评价生态格局的基本依据。在生态功能保护区尺度上,围绕生态系统格局、质量等构建评价指标体系。

2.2.1.2 确定指标计算分析方法

在评价指标体系建立的基础上,结合资深专家的建议,合理地筛选指标。在生态相关的纲要、规范、规划和文献资料的支撑下,科学地明确各指标的含义,并确定指标计算方法。将不同来源的地理国情普查数据、基础地理信息数据、社会统计数据与规则地理格网单元、行政区划与管理单元、自然地理单元、社会经济区域单元、国家重点生态功能区等不同统计分析单元进行深度融合与匹配,并进行数据转换和归一化处理,综合运用四则运算、空间量算、空间分析等分析方法,完成不同尺度下指标的计算,阐明指标意义,形成满足生态格局专题统计分析内容的基本计算指标。

2.2.1.3 构建指数评估方法

在生态区尺度,围绕生态压力、生态状况、生态响应等三个方面内容,综合运用空间统计、智能地理计算等技术方法,研究开发一系列用于生态区生态格局现状综合评价的定量、可靠的模型方法,进而构建生态区生态格局指数。在生态功能保护区尺度上,围绕生态系统格局、质量,综合建模与空间叠加统计分析等方法,构建生态功能保护区评估指数。

2.2.1.4 生态格局分级评估

采用定性定量相结合的方式,计算生态格局综合指数,将计算结果进行分级,从而对我省生态区生态格局状况进行分析评价,以专题分析评价报告的形式将评价指数分级显示,以便增强指数的直观性。

2.2.2 技术路线与工艺流程

基于地理国情普查数据和现有基础地理信息成果数据,按照生态区域特点,与综合统计分析单元(行政区划与管理单元、自然地理单元、社会经济区域单元等)进行匹配,构建生态区和重点生态功能区综合评估指标体系及综合统计分析方法与模型库,形成河南省生态区生态格局综合统计分析评估成果。

生态区生态格局综合统计分析技术流程如图 2-1 所示。

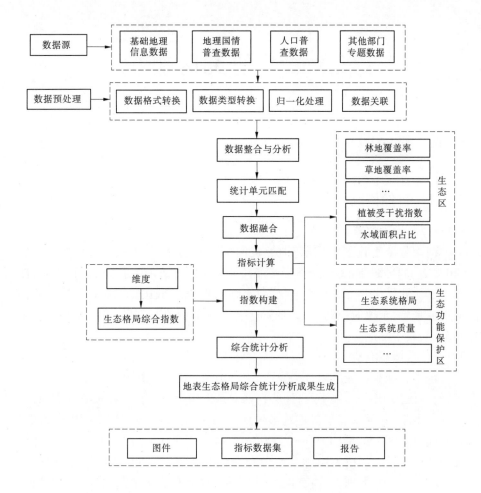

图 2-1 生态区生态格局综合统计分析技术流程

第3章　研究区概况

3.1　省域概况

3.1.1　自然概况

3.1.1.1　地理位置

河南省位于我国中东部,地处黄河中下游的北纬 31°23′ ~ 36°22′、东经 110°21′ ~ 116°39′地区,南北相距约 530 km,东西长达 580 余 km,东接山东、江苏、安徽,北界河北、山西,西连陕西,南临湖北,处于我国第二阶梯和第三阶梯的过渡地带,土地面积约 16.7 万 km²,占全国面积的 1.74%,在我国地理区位划分上,属中部地区。

3.1.1.2　地貌类型

河南省地貌一级区划分为豫西、南部山地丘陵盆地区和豫东平原区,总体特征为:西部山区,东部平原,地势自西向东由中山、低山、丘陵过渡到平原,呈阶梯状下降(见河南省卫星遥感影像地形图)。中山一般海拔 1 000 m 以上,高者超过 2 000 m;低山 500 ~ 1 000 m;丘陵低于 500 m;平原地区海拔大部分在 200 m 以下。河南省山脉集中分布在豫西北、豫西和豫南地区,北有太行山,南有桐柏山、大别山,西有伏牛山,中部、东部和北部由黄河、淮河、海河冲积形成黄淮海平原。西南部南阳盆地是河南省规模最大的山间盆地,面积约 2.6 万 km²。按地形划分,山区面积约 4.4 万 km²,丘陵面积约 2.96 万 km²,平原面积约 9.30 万 km²,分别约占土地总面积的 26.59%、17.72% 和 55.69%。

3.1.1.3　地质构造

河南省分为华北地台与秦岭地槽两个一级大地构造单元,以卢氏—栾川—确山—固始深大断裂带为界,其北成为华北地台,由变质程度较深的太古界登封群、太华群及中浅变质的元古界嵩山群、秦岭群等组成结晶基底层,其上是由震旦系和古生界前变质与未变质的浅海相碎屑岩—磷酸盐沉积建造及海陆交互相与陆相含煤建造与中生、新生界陆相碎屑岩建造组成的沉积盖层。它包括四个二级构造单元,即山西中台隆,位于太行山区;华北坳陷,包括黄河两岸的黄、淮、海冲积平原;鲁西中台隆,包括永城、夏邑、范县等部分地区,聊城—兰考深断裂,为鲁西中台隆与华北坳陷的分界;华熊沉降带,包括华山、小秦岭、熊耳山区和鲁山、舞阳南部等地。秦岭地槽主要特征是中生代以前一直处于地槽状态,均为地槽沉积,主要有类复理石沉积建造、海相碎屑岩和碳酸盐建造及多次火山喷发相,是一个典型的多旋回地槽褶皱区。其中包括四个二级构造单元,北秦岭褶皱系,即西峡—内乡断裂—桐柏—商城断裂带以北地区;南秦岭褶皱系包括西峡—内乡断裂以南的淅川—内乡地区;桐柏—大别褶皱系,包括桐柏—商城断裂带以南的山区;南阳坳陷及南阳盆地,北、东、西三面环山,南部缺口微向南倾斜。

3.1.1.4　气候

河南省处于北亚热带和暖温带气候区,气候具有明显的过渡性特点,我国划分暖温带和亚热带的地理分界线秦岭淮河一线,正好穿过境内的伏牛山脊和淮河沿岸,该区以南的信阳、南阳属亚热带湿润半湿润气候,以北属于暖温带半湿润半干旱气候区。河南省气候具有冬长寒冷雨雪少,春短干旱风沙多,夏日炎热雨丰沛,秋季晴和日照足的特点。

1. 降水

河南省属于大陆性季风气候,降水在季节、年际、空间上的分布很不均匀,年降水量空间分布自南向北递减。淮河以南地区年降水量在 1 000 ~ 1 200 mm;卢氏—许昌—商丘一线以南到淮河之间地区,年降水量 700 ~ 900 mm;此线以北的广大地区,年降水量在 700 mm 以下。全省各地降水量的 40% ~ 60% 集中于 6 ~ 9 月,而冬季降水量不及年降水量的 10%,年均降水不稳定,降水量年际相对变率 18% ~ 22%。

2. 光照与热量

全省年实际日照时数为 2 000 ~ 2 600 h,年总辐射量 4 600 ~ 5 000 MJ/m²,北部多于南部,平原多于山区。全省年平均气温 12.8 ~ 15.5 ℃,南阳盆地北受伏牛山、外方山的阻隔,冷空气不易侵入;淮河以南纬度较低,太阳辐射量增加,形成了河南省比较稳定的两个暖温区,年均气温在 15 ℃以上。河南无霜期 190 ~ 230 天,全省日平均气温大于 10 ℃的积温为 4 000 ~ 4 800 ℃,南阳盆地和豫南在 4 800 ℃以上,豫西山区在 4 000 ℃以下。全省无霜期在 190 ~ 230 天。

3. 湿度

河南省年平均绝对湿度的分布趋势随着纬度和海拔的增加而递减,随高度递减的速率远大于随纬度递减的速率。全省年平均相对湿度 65% ~ 75%,

以淮南湿度最大,可达 75% 以上,其次是淮北平原、豫东平原和南阳盆地,相对湿度 70% 以上,其他地区在 70% 以下,以豫西北的鹤壁、焦作、孟津、三门峡一带为最小,在 65% 以下。湿度的南北差异以夏秋季节为小,春季最大。

3.1.1.5 土壤类型

全省土壤类型繁多,主要有黄棕壤、棕壤、褐土、潮土、砂姜黑土、盐碱土和水稻土 7 种。按土壤质地分别所占耕地的百分比为黏质 47.1%、沙质 19.9%、壤质 15.1%、沙壤质底层加胶泥 14.0%、砾质 3.9%。京广线以东,沙、颍河以北的广大黄河、海河冲积平原,是分布面积最大的潮土区,山丘区、较大河流的河滩地一般也是潮土分布区,局部地区还分布有砂姜黑土;风沙土、盐碱土等主要分布在黄河沿岸、黄河故道以及黄河泛滥区的洼地;淮河波状平原及河谷两侧有水稻土分布。以伏牛山主脉沿沙河至漯河,到汾泉河一线为分界线,以南为黄棕壤、黄褐土带,以北及京广线以西的低山丘陵和黄土丘陵分布着褐土、黄褐土。

3.1.1.6 水文

全省流域面积在 100 km² 以上的河流共计 493 条,其中,流域面积超过 10 000 km² 的河流 8 条,5 000 ~ 10 000 km² 以上的河流 9 条,1 000 ~ 5 000 km² 的河流 43 条。分属 4 大水系。

黄河水系主要是黄河干流,境内长 711 km,省辖流域面积 3.60 万 km²,占全省总面积的 21.3%,占黄河流域总面积的 5.1%。黄河在河南境内的主要支流有伊河、洛河、沁河、弘农涧河、漭河、金堤河等。淮河水系位于长江、黄河两大河流之间,是河南省的主要水系。淮河发源于豫西南的桐柏山,境内长 340 km,流域面积 8.61 万 km²,占全省总面积的 52.8%,占淮河流域总面积的 46.2%,在本省的支流有 140 多条,主要有史河、洪河、潢河、竹竿河、颍河、沙河、北汝河、贾鲁河等。长江水系主要包括本省西南部的唐河、白河和丹江,属于汉水的支流,境内流域面积 2.77 万 km²。白河、唐河是汉水最大的支流,境内河长分别为 302 km 和 191 km;丹江发源于陕西,境内长 117 km,流域面积 4 219 km²,主要支流是淇河和老灌河。海河水系位于豫北,本省境内最大支流是卫河,境内长 286 km,海河流域面积 1.53 万 km²,占全省总面积的9.3%。全省平均年径流量 50 ~ 600 mm。

3.1.1.7 生物资源

在亚热带向暖温带过渡的河南省境内,由于自然环境复杂多样,植被分异形成明显的水平地带性和垂直地带性。伏牛山南坡、淮河以南属亚热带常绿、落叶阔叶林地带,伏牛山和淮河以北属暖温带落叶阔叶林地带,西部伏牛山地和丘陵,有明显的森林垂直带谱。东部平原天然林早已不存在,现有林木全为人工栽培,主要树种有泡桐、毛白杨、旱柳、刺槐、榆树、欧美杂交杨类等和紫穗槐、白蜡等灌木。植物资源比较丰富,植物种类约占全国总数的14%,其中木本植物占30%。高等植物有199科、3 979种及变种,其中草本植物约占2/3,木本植物约占1/3。河南省脊椎动物资源约520种,约占全国总数的20%,其中哺乳类约50余种、鸟类近300种、两栖类40多种、爬行类20多种、鱼类约100多种。

3.1.2 社会经济状况

3.1.2.1 人口状况

截至2014年底,河南省人口总数为10 601万人,是全国人口最多的省。人口发展继续保持低生育水平,总人口低速平稳增长,常住人口略有增加,外出人口持续增加,劳动年龄人口比重有所下降,城镇化水平继续稳步提高,人口发展保持良好的态势。总体表现为:人口总量低速增长,人口出生率保持缓慢回升态势;人口城镇化水平稳步提升;人口年龄结构不断老化。

3.1.2.2 经济状况

全年全省生产总值34 939.38亿元。其中,第一产业增加值4 160.81亿元,第二产业增加值17 902.67亿元,第三产业增加值12 875.90亿元,三次产业结构11.9:51.2:36.9。农业生产形势总体良好,总体表现为:工业生产稳中有升,服务业保持较快发展。交通、通信快速发展,基础设施条件明显改善。目前,全省已初步形成了以铁路、公路为骨干,民航、水路运输为辅助的交通体系;作为全国重要的通信枢纽之一,已基本建成覆盖全省城乡、连通世界的通信网络。科技、教育和社会事业全面发展,可持续发展能力不断提高。通过实施"科教兴豫"战略,科研能力不断提高,教育事业得到优先发展,基础教育水平稳居全国前列。文化、体育、卫生、新闻出版等社会事业日趋繁荣。

3.2 生态区概况

河南省生态空间分布见图3-1。根据河南省生态功能区划,太行山地生态区、伏牛山地生态区及桐柏大别山地生态区为重点生态保护区域。其中,太行山是中国地势二三阶梯分界线之一,也是黄土高原和华北平原的分界线,太行山地生态区森林覆盖率低,降水量少,土壤瘠薄,植被恢复困难,水土流失问题突出,生态环境极为脆弱。伏牛山是长江、黄河、淮河水系的分水岭,也是我国北亚热带和暖温带的气候分区线和中国动物区划古北界和东洋界的分界线,同时也是华北、华中、西南植物的镶嵌地带,属暖温带落叶阔叶林向北亚热带常绿落叶混交林的过渡区,伏牛山地生态区森林覆盖率高,原始森林和野生珍稀动植物资源丰富,在生物多样性维护方面具有十分重要的意义,区内分布有宝天曼国家级自然保护区、中国南阳伏牛山世界地质公园、南水北调水源区等众多受保护地。桐柏大别山地生态区属于淮河中游重要水源补给区,土壤侵蚀,敏感性程度高,山地生态系统退化和土壤侵蚀能够增加中下游洪涝灾害发生概率。因此,太行山地生态区、伏牛山地生态区及桐柏大别山地生态区等三个区域在河南省生态保护中具有重要的地位。

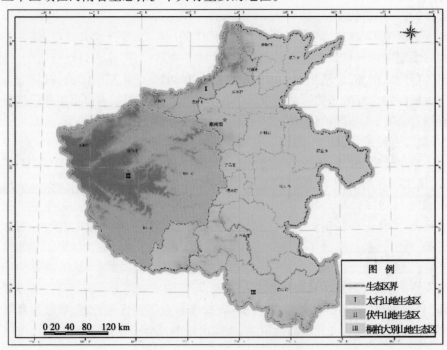

图 3-1　河南省生态区空间分布

3.2.1　太行山地生态区

太行山地生态区位于河南省豫北地区的西部,北与山西省接壤,南临黄河,东部是黄沁河冲洪积平原区,区域面积 10 657.24 km²。行政区划组成有安阳的林州市,新乡的辉县市、卫辉市,焦作的中站区、修武县、博爱县、沁阳市及济源市等。基本以海拔 200 m 等高线为划分界限。该区是山西高原上升和华北平原下降的边缘,位于我国二、三级大地形的陡坎上。区内山势雄伟,沟壑纵横,主体山系呈东西向展布,坡度多在 30°,区内海拔在 600～1 200 m,鳌背山海拔 1 929.6 m。年均气温 14.3 ℃,年均降水量 695 mm,降水年相对变率 16.9%,日照时数 2 367.7 h,年均太阳辐射量 4 947.54 MJ/m²。土壤类型以棕壤土、褐土类为主,棕壤土分布在海拔 1 000 m 以上的中山区,以西部、北部为最多,现有天然次生林下的土壤多为棕壤土;褐土类广泛分布于区内,淋溶褐土分布在 800～1 000 m 的低中山区,褐土性土分布在海拔 300～800 m 的山前洪积冲积扇上。区内植物类群有 163 科、734 属、1 689 种。分布有太行山国家级猕猴自然保护区及森林公园等,深山区植被覆盖率大于 95%。浅山区矿产开发、旅游开发、公路建设等导致基岩裸露、生境破碎、土壤瘠薄、降水量少及植被覆盖率不高,生态环境极为脆弱。

3.2.2 伏牛山地生态区

伏牛山地生态区位于河南省的西部,包括黄河以南,京广线以西,及南阳盆地以北山丘区的大部地区。西与陕西接壤,北与山西隔河相望,西南部与湖北相邻,总面积约 56 950.53 km²。区内主要有小秦岭、崤山、外方山、伏牛山和嵩山,海拔一般在 1 000～2 000 m,部分山峰海拔超过 2 000 m,该区域是秦岭山脉西部的延伸。主要山脉分支之间有相对独立的水系分布,山脉与水系相间排列,较大河流与一些山间盆地相连。例如卢氏盆地、伊(川)洛(阳)盆地和宜(阳)洛(宁)盆地等,形成了谷地和盆地串连、低洼开阔地带与山脉相间分布的独特地貌类型。该区自北向南递增的气候条件是,年均气温 13.1～15.8 ℃,降水量 500～1 100 mm;自南向北递增的气候条件是,年均蒸发量 1 000～2 346 mm,日照时数 1 495～2 217 h,太阳辐射量 108.83～120.186 kcal/m²。我国暖温带和北亚热带的分界线秦岭位于该区的南部,因此区域内植被类群丰富,广泛分布有南北过渡带物种。区域内分布的植被类型有以栎类为主的落叶阔叶林、针叶林植被、针阔混交林、灌丛植被、草甸、竹林及人工栽培植被等。该区矿产资源丰富,各种金属矿、非金属矿、能源矿等的分布、占有量及开采量在河南省均有重要意义。三门峡、洛阳、南阳境内的伏牛山、熊耳山、外方山海拔 500 m 以上的中山区为生物多样性及水源涵养生态区;三门峡、南阳境内的伏牛山、熊耳山、外方山海拔 200 m 以上的低山丘陵、中山区多为本区划的水土保持生态功能区。山间盆地、谷底及平原微丘区是农业生态区。

3.2.3　桐柏大别山地生态区

桐柏大别山地生态区位于河南省南部,秦岭淮河以南地区,属于大别山北坡,南部与湖北省相邻。行政区划组成包括南阳的桐柏县和信阳市的罗山、新县、商城、固始以及光山、淮滨、息县等,区域面积 23 726.45 km²。本区为大别山的西北部分,位于淮河以南,地貌类型复杂,包括中山、丘陵、湖泊、岗地及平原。桐柏山和大别山脉分布在河南省南部边境地带,自西北向东南延伸。桐柏山脉主要由低山和丘陵组成。海拔 400 ~ 800 m,只有个别山峰海拔超过 1 000 m,如主峰太白顶海拔 1 140 m。鸿仪河—桐柏县城以南以低山为主,以北则广泛分布连绵起伏的丘陵。低山丘陵间有一些大小不等的盆地和宽阔的山间盆地、山间谷地,其中以桐柏—吴城盆地为最大。大别山脉位于京广铁路以东的豫、鄂、皖三省交界地带,近东西向延伸。西段山脉主脊高度不大,多在海拔 800 ~ 1 000 m,著名的避暑胜地鸡公山海拔 764 m。东段山脉主脊狭窄高峻,有一系列陡峭的山峰,海拔均超过 1 000 m,如黄毛尖海拔 1 011 m,黄柏山 1 257 m,九峰山 1 353 m,金刚台 1 584 m。自山脉主脊向北地势逐渐降低,由低山、丘陵过渡为山前洪积倾斜平原。山脉北侧河流均向北或东北流去,沿河多形成宽阔的河流谷地。有些河谷切穿了山脉主脊,将山脉分成数段,形成一些近南北向的山口,为豫鄂两省间的交通要道。气候属于北亚热带湿润季风气候,阳光充足,年均日照时数 1 990 ~ 2 173 h,年均气温 15.1 ~ 15.5 ℃,相对湿度 75% ~ 80%,无霜期 217 ~ 228 d,年太阳辐射总量 112.7 ~ 121.7 kcal/cm²,全年平均降水天数 102 ~ 129 d,降水量 900 ~ 1 200 mm,降水量年变率 14% ~ 20%。年蒸发量 1 355 ~ 1 650 mm。该区地带性土壤为黄棕壤,土壤类型有黄褐土、棕壤、紫色土、红黏土、石质土、粗骨土、潮土、砂姜黑土、水稻土等,以水稻土分布最多。植被类型属于北亚热带常绿—落叶、阔叶混交林。

3.3　生态功能保护区

国家级生态功能保护区是指跨省域和在保持流域、区域生态平衡,防止和减轻自然灾害,确保国家生态安全方面具有重要作用的江河源头区、重要水源涵养、水土保持的重点预防保护区和重点监督区、江河洪水调蓄区、防风固沙区、重要渔业水域及其他具有重要生态功能的区域,依照规定程序划定一定面积予以重点保护、建设和管理的区域,由省级人民政府提出申请,报国务院批准。南水北调中线工程源头国家级生态功能保护区、河南省淮河源国家级生态功能保护区为 18 个国家级生态功能保护区建设试点。河南省国家级生态功能保护区位置如图 3-2 所示。

图 3-2　河南省国家级生态功能保护区位置

南水北调中线工程渠首,位于河南省南阳市淅川县九重镇陶岔村,由此引水送至北京、天津,渠线全长 1 432 km(含天津分干渠 155 km)。生态功能保护区内的丹江口水库位于汉江中上游,属于长江流域汉江水系,控制流域面积 9.5 万 km²,天然入库水量 393.4 亿 m³,约占汉江流域水量的 60%。目前,水库大坝高 162m,正常蓄水位 157 m,水域面积 745 km²,其中河南省辖区内水域面积 362 km²,占库区总水面面积的 48.6%。

第4章　生态区生态压力综合分析

4.1　指标体系

完成植被受干扰指数、耕地和建设用地面积占比、不透水地表面积占比、人口密度和 GDP 密度等 5 个指标的统计与计算。生态区生态格局综合统计分析指标如表 4-1 所示。

表 4-1　生态区生态格局综合统计分析指标

一级	二级
	植被受干扰指数
	耕地和建设用地面积占比
生态压力	不透水地表面积占比
	人口密度
	GDP 密度

4.1.1　植被受干扰指数

指标含义:统计单元内廊道(公路、铁路、堤坝、沟渠)的单位面积长度。
计算方法:

$$植被受干扰强度 = \frac{统计单元内廊道(公路、铁路、堤坝、沟渠)的总长度}{统计单元的总面积}$$

4.1.2　耕地和建设用地面积占比

指标含义:统计单元内耕地和建设用地总面积占比。
计算方法:

$$耕地和建设用地总面积占比 = \frac{统计单元内耕地和建设用地总面积占比(耕地、房屋建筑、道路、构筑物及人工堆掘地)的总面积}{统计单元的总面积}$$

4.1.3 不透水地表面积占比

指标含义:统计单元内不透水地表(建筑区、交通用地、构筑物和建筑工地四类难以进行生态修复的硬化地表)面积占比。

计算方法:

不透水地表面积占比 =

$$\frac{统计单元内不透水地表(建筑区、交通用地、构筑物和建筑工地)的总面积}{统计单元的总面积}$$

4.1.4 人口密度

指标含义:单位面积国土面积年末总人口数量,在宏观层面评估人口因素给生态环境带来的压力及其时空演变。

计算方法:收集各县(区)2015年末总人口数量及各县(区)国土面积,计算各县(区)人口密度,即

$$PD_{i,t} = P_{i,t} \times 10\,000/A_i$$

式中 $PD_{i,t}$ ——第 i 县(区)第 t 年人口密度,人/km^2;

$P_{i,t}$ ——第 i 县(区)第 t 年年末总人口,万人;

A_i ——第 i 县(区)国土面积,km^2。

4.1.5 GDP密度

指标含义:指单位国土面积地区生产总值,用来评估宏观经济给生态环境带来的压力。

计算方法:计算各县(区)2015年单位国土面积可比价GDP,即

$$GDP_{i,t} = UP_{i,t}/A_i$$

式中 $GDP_{i,t}$ ——第 i 县(区)第 t 年GDP密度,万元/km^2;

$UP_{i,t}$ ——第 i 县(区)第 t 年按2000年可比价计算GDP,万元;

A_i ——第 i 县(区)国土面积,km^2。

4.2 数据源

植被受干扰指数、耕地和建设用地面积占比和不透水地表面积占比数据来源主要为地理国情数据,人口密度和GDP密度主要来源于统计年鉴。

4.3 研究方法

4.3.1 权重值确定

根据专家意见确定各层级指标相对重要性的分值,采用层次分析法(Analytic Hierarchy Process,简称 AHP)和变权法相结合确定各个评价指标的权重。

层级分析法:

构造判断矩阵。以 A 表示目标,u_i、$u_j(i, j = 1, 2, \cdots, n)$ 表示因素。U_{ij} 表示 u_i 对 u_j 的相对重要性数值。并由 u_{ij} 组成 $A - U$ 判断矩阵 $\boldsymbol{P}$。

$$\boldsymbol{P} = \begin{bmatrix} u_{11} & u_{12} & \cdots & u_{1n} \\ u_{21} & u_{22} & \cdots & u_{2n} \\ \vdots & \vdots & & \vdots \\ u_{n1} & u_{n2} & \cdots & u_{nn} \end{bmatrix}$$

根据各个评价指标相对于上一层评价的重要性确定其在评价中的比例,就是权重值。计算重要性排序。根据判断矩阵,求出其最大特征根 $\lambda_{\max}$ 所对应的特征向量 ω。方程如下:

$$P\omega = \lambda_{\max}\omega$$

所求特征向量 ω 经归一化,即为各评价因素的重要性排序,也就是权重分配。

一致性检验。以上得到的权重分配是否合理,还需要对判断矩阵进行一致性检验。检验使用公式:

$$CR = CI/RI$$

式中　CR——判断矩阵的随机一致性比率,$CR = (\lambda_{\max} - n)/(n - 1)$;

　　　CI——判断矩阵的一般一致性指标;

　　　RI——判断矩阵的平均随机一致性指标。

$1 \sim 9$ 阶的判断矩阵的 RI 值见表 4-2,Satty 标度见表 4-3。当判断矩阵 $\boldsymbol{P}$ 的 $CR < 0.1$ 时或 $\lambda_{\max} = n$,$CI = 0$ 时,认为 $\boldsymbol{P}$ 具有满意一致性,否则需调整 $\boldsymbol{P}$ 中的元素,以使其具有满意一致性。

表 4-2　平均随机一致性指标

N	1	2	3	4	5	6	7	8	9
RI	0	0	0.58	0.90	1.12	1.24	1.32	1.41	1.45

表 4-3　Satty 标度

标度	含义
1	表示两个因素相比,具有相同重要性
3	表示两个因素相比,前者比后者稍重要
5	表示两个因素相比,前者比后者明显重要
7	表示两个因素相比,前者比后者强烈重要
9	表示两个因素相比,前者比后者极端重要
2,4,6,8	表示上述相邻判断的中间值
倒数	若因素 i 与因素 j 的重要性之比为 a_{ij},那么因素 j 与因素 i 重要性之比 $a_{ji} = 1/a_{ij}$

通过层级分析法最终得到二级指标对一级指标的权重。

4.3.2　指数计算

首先考虑各个具体指标数据单位不同、变化范围不同,并且这些指标对生态格局的影响程度不同,利用标准处理法、极值处理法、归一化处理法、加权平均法等数据处理方法对各个具体指标进行无量纲化,由此得出各个城市的具体指标得分。根据标准化之后的指标值和对应的权重值,计算得出生态压力指数值。

4.4　研究结果

4.4.1　生态压力主要表征指标统计分析

4.4.1.1　植被受干扰指数

植被受干扰指数用统计单元内廊道(公路、铁路、堤坝、沟渠)的总长度与统计单元的总面积的比值来表征。利用地理国情基础数据,以县域为单位计算得出太行山地生态区、伏牛山地生态区及桐柏大别山地生态区植被受干扰指数,如图4-1～图4-3所示。

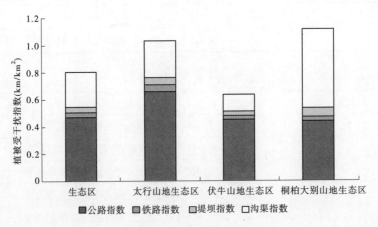

图4-1 河南省不同生态区植被受干扰指数

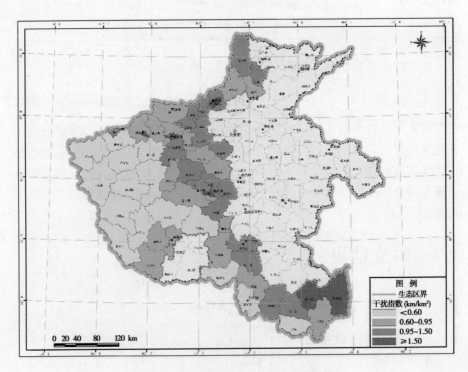

图4-2 河南省生态区植被受干扰指数

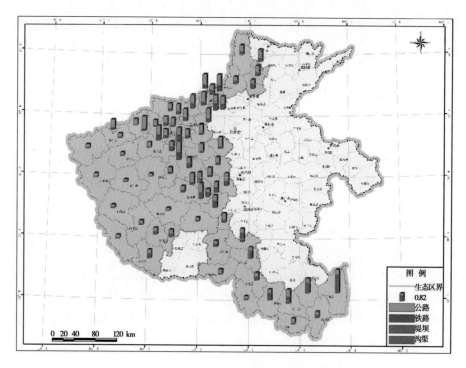

图4-3 河南省生态区植被受干扰指数的构成

生态区植被受干扰指数由西向东呈现增加趋势,太行山地生态区和桐柏大别山地生态区较伏牛山地生态区具有较高的植被受干扰指数。伏牛山地生态区的植被受干扰指数为 0.63 km/km^2,植被受干扰程度东部总体高于西部,植被受干扰最严重的地区分布在平顶山市域的瀍河回族区和新华区及洛阳市域的西工区、义马市和洛龙区。太行山地生态区植被受干扰指数为 1.03 km/km^2,植被受干扰最严重的地区分布在焦作市域的马村区、山阳区、中站区、沁阳市、温县、博爱县和解放区。桐柏大别山地生态区植被受干扰指数为 1.12 km/km^2,植被受干扰最严重的地区分布在信阳市域的固始县、潢川县、光山县和驻马店市域的驿城区。

区域植被受干扰的来源主要为公路和沟渠。从整个生态区来看,植被受干扰的主要来源为公路和沟渠,但三个不同的生态区相比有所差别,其中伏牛山地生态区和太行山地生态区植被受干扰指数主要来源中公路指数大于沟渠指数,伏牛山地生态区以公路指数和沟渠指数分别占整个植被受干扰指数的 71.10%和 19.75%,太行山地生态区公路指数和沟渠指数分别占整个植被受干扰指数的 63.74% 和 26.33% 。桐柏大别山地生态区植被受干扰指数构成中公路指数和沟渠指数分别占整个植被受干扰指数的 39.34% 和 52.15% ,沟渠指数高于公路指数。

4.4.1.2 耕地和建设用地面积占比

农业生产在改变人类食物来源和结构的同时,也强烈地改变了地理环境。农业生产的发展会引起自然植被、地表环境及地表辐射特性等发生改变。不当的农业生产方式会导致水土流失、土地荒漠化、土地盐碱化及土地板结等一系列生态环境问题。同样,随着工业化、城镇化的发展,生态系统中建设用地不断增加,这也造成了自然生态系统原有的发展规律人为改变,不合理的发展模式会打破生态系统的平衡,造成生态系统的严重破坏。本书研究利用耕地和建设用地面积占比作为评价指标,评估区域内农业生产活动及建设活动对生态系统的影响程度。耕地和建设用地面积占比为统计单元内耕地和建设用地在国土总面积中的占比,利用地理国情基本统计数据,计算各区县及生态区内耕地、房屋建筑、道路、构筑物及人工堆掘地的总面积占国土总面积的比,统计结果如图4-4 ~ 图4-6 所示。

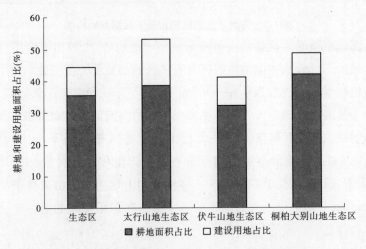

图 4-4　河南省不同生态区耕地和建设用地面积比

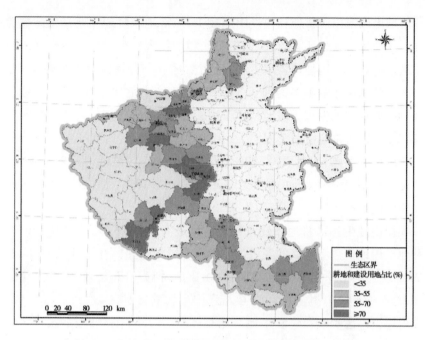

图 4-5 河南省生态区耕地与建设用地面积的国土占比

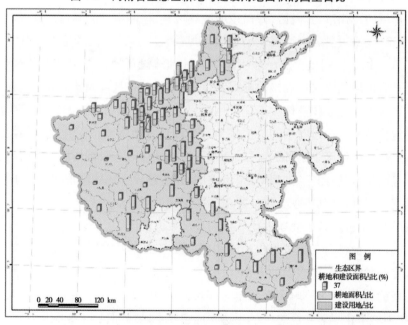

图 4-6 河南省生态区耕地与建设用地面积的国土占比的构成

区域内西部山区耕地和建设用地较少,东部地区耕地和建设用地覆盖率较高。三个生态区相比,太行山地生态区和桐柏大别山地生态区较伏牛山地生态区耕地和建设用地覆盖率更高。整个生态区耕地和建设用地覆盖率超过40.00%,其中耕地覆盖率达到了35.55%。太行山地生态区、伏牛山地生态区及桐柏大别山地生态区耕地和建设用地覆盖率分别为53.29%、41.24%和48.74%。其中,耕地覆盖率桐柏大别山地生态区最高,达到了41.95%;其次是太行山地生态区,达到了38.59%;伏牛山地生态区最低,为32.32%,建设用地覆盖率则表现为太行山地生态区最高,为14.70%,伏牛山地生态区及桐柏大别山地生态区接近,分别为8.92%和6.79%。

太行山地生态区耕地和建设用地占比最高,超过了国土面积的50%,耕地和建设用地覆盖率最高的区域位于焦作市域的温县、马村区和孟州市,达到了77%以上,其次焦作市域的沁阳市、山阳区、博爱县和解放区,新乡市域的卫辉市,鹤壁市域的淇滨区和淇县及洛阳市域的吉利区,达到了55%以上。伏牛山地生态区耕地和建设用地占比总体相对较小,在40%左右,但区域中建设用地和耕地分布比较集中,其中耕地和建设用地覆盖率最高的区域位于南阳市域的邓州市、卧龙区,许昌市域的襄城县,洛阳市域的瀍河回族区、老城区、西工区、伊川县和涧西区及平顶山市域的宝丰县、叶县、新华区和郏县,达到了70%以上。桐柏大别山地生态区耕地和建设用地覆盖率较高的区域位于驻马店市域的驿城区和确山县以及信阳市域的潢川县、固始县和平桥区。

区域内耕地面积整体大于建设用地,但在一些市辖区建设用地覆盖率高于耕地覆盖率。通过对不同县区耕地和建设用地覆盖率的对比发现,在山阳区、解放区、中站区、瀍河回族区、老城区、西工区、新华区、涧西区、石龙区和卫东区等市辖区内,由于人口和社会经济的影响,建设用地的覆盖率均高于耕地覆盖率,其他区域则表现为耕地覆盖率高于建设用地。

4.4.1.3 不透水地表面积占比

不透水面作为衡量城市化程度和环境质量的重要指标之一,受到人类越来越多的关注。不透水面的大小、位置、几何形状、空间布局,以及透水面与不透水面的比率,显著影响了区域生态环境的变化。随着我国城市化进程的加快,作为城市化显著特征之一的不透水面也在不断增加,这将影响地区的生态环境,从而导致流域水文循环异常、非点源污染增加、城市热岛效应增强,以及生物多样性减少等问题的发生。不透水地表面积占比为统计单元内不透水地表(建筑区、交通用地、构筑物和建筑工地四类难以进行生态修复的硬化地表)面积在国土面积中的占比。利用地理国情基本统计数据,计算各县区及生态区不透水地表面积占比,统计结果如图4-7、图4-8所示。

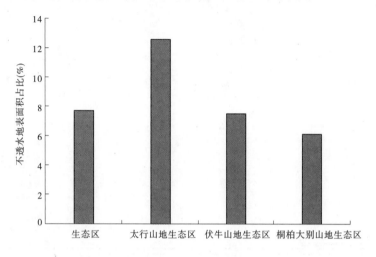

图4-7　不同生态区不透水地表面积占比

　　三个生态区相比,太行山地生态区不透水地表面积占比较高,其次是伏牛山地生态区,桐柏大别山地生态区最低。通过对整个生态区内不透水地表面积的统计,发现生态区不透水地表面积占比为7.75%。三个生态区相比,太行山地生态区不透水地表面积占比最高,高于整个生态区的平均水平,为12.64%,伏牛山地生态区其次,为7.51%,桐柏大别山地生态区不透水地表面积占比最小,为6.13%。

　　不透水地表面积占比较高的区域主要集中在城市的市辖区内。不透水地表主要指建筑区、交通用地、构筑物和建筑工地四类难以进行生态修复的硬化地表,根据统计结果,不透水地表面积占比较高的区域主要集中在城市的市辖区内,整个生态区市辖区内不透水地表面积共计1 205.39 km²,占整个生态区不透水地表面积的17.02%。其中太行山地生态区不透水地表面积占比较高的区域主要位于焦作市域的解放区、山阳区、马村区及中站区,在20%以上,其中解放区和山阳区分别达到了45.36%和40.63%。伏牛山地生态区不透水地表面积占比较高的区域主要位于洛阳市域的瀍河回族区、西工区、老城

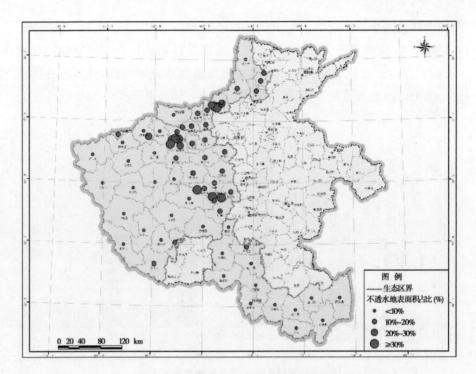

图 4-8 河南省生态区不透水地表面积占比

区、涧西区、洛龙区,平顶山市域的卫东区、新华区、石龙区及三门峡市域的义马市,不透水地表面积占比在 21.82% ~ 47.34%。桐柏大别山地生态区不透水地表面积占比在整个生态区中整体偏低,其中较高的区域主要位于驻马店市域的驿城区,达到了 11.53%,其他县区均在 10% 以下。

4.4.1.4 人口密度

人类作为生态系统中重要的组成部分,其与生态环境息息相关,人的各种需求都直接或者间接地依赖自然资源,所以随着人口的增加,对生态环境形成的压力也愈加沉重。人口密度指标为单位面积国土面积年末总人口数量,主要从宏观层面评估人口因素给生态环境带来的压力及其时空演变。利用河南省 2016 年统计年鉴上各县(区)2015 年末总人口数量及各县(区)国土面积,计算各县(区)人口密度及各个生态区的人口密度,如图 4-9、图 4-10 所示。

从整个生态区来看,人口密度从西到东呈增加趋势,三个生态区相比较,伏牛山地生态区人口密度最高。生态区的平均人口密度为 620 人/km²,三个生态区相比,伏牛山地生态区人口密度最高,为 713 人/km²,其次为太行山地

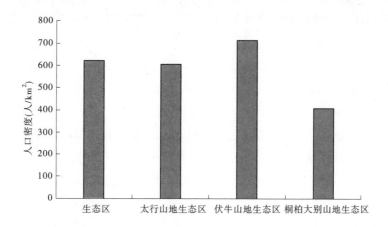

图4-9 河南省不同生态区人口密度比较

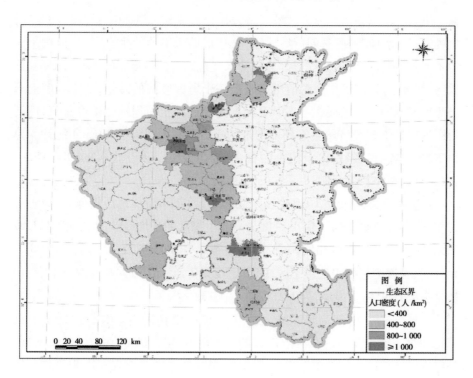

图4-10 河南省生态区人口密度分布

生态区,人口密度为 608 人/km²,桐柏大别山地生态区人口密度最小,为 407
人/km²。

区域上人口密度高值主要集中在城市的市辖区内。太行山地生态区人口密度最高的区域位于焦作市域的马村区、解放区、山阳区、中站区,洛阳市域的吉利区及鹤壁市域的淇滨区,人口密度均在 1 000 人/km² 以上,人口密度较高区域位于滑县,超过 800 人/km²。伏牛山地生态区人口密度最高的区域位于南阳市域的卧龙区,平顶山市域的湛河区、卫东区、新华区、石龙区及洛龙区,洛阳市域的涧西区、西工区、瀍河回族区、老城区和三门峡市域的义马市,人口密度均在 1 400 人/km² 以上,较高区域位于偃师市和新密市,人口密度超过 800 人/km²。桐柏大别山地生态区人口密度最高的区域位于驻马店市域的驿城区,人口密度达到了 1 322 人/km²,其余区县人口密度均在 700 人/km² 以下。

4.4.1.5 GDP 密度

生态环境问题已经成为区域经济发展中越来越重要的问题,粗放的经济发展方式,尤其在一些贫困落后地区,往往借助于当地的生态资源,以过量消耗矿产、土壤、森林、植被等资源为代价来促进经济的发展,势必对生态环境造成巨大的压力。国民生产总值用来表征一个地区经济的总量,一定程度上可以代表区域的经济发展程度。GDP 密度为单位国土面积地区生产总值,用此指标来评估宏观经济给生态环境带来的压力。利用河南省 2016 年统计年鉴中 2015 年各县(区)GDP 及国土面积,计算各县(区)及生态区的 GDP 密度,如图 4-11、图 4-12 所示。

从整个生态区来看,GDP 密度东北部高,西部和南部地区较低,三个生态区相比,太行山地生态区 GDP 密度最高。生态区的平均 GDP 密度为2 422.82万元/km²,三个生态区相比,太行山地生态区 GDP 密度最高,为 3 282.98 万元/km²,其次为伏牛山地生态区,GDP 密度为 2 765.87 万元/km²,桐柏大别山地生态区 GDP 密度最小,为 1 213.04 万元/km²。

区域上 GDP 密度高值主要集中于城市的市辖区内。太行山地生态区 GDP 密度高值主要出现在洛阳市域的吉利区和焦作市域的中站区、山阳区、马村区及解放区。伏牛山地生态区 GDP 密度高值主要出现在南阳市域的卧龙区,平顶山市域的湛河区、新华区、卫东区、石龙区,洛阳市域西工区、洛龙区、老城区、涧西区、瀍河回族区和三门峡市域的义马市。桐柏大别山地生态区 GDP 密度整体较低,相对高值出现在驻马店市域的驿城区。

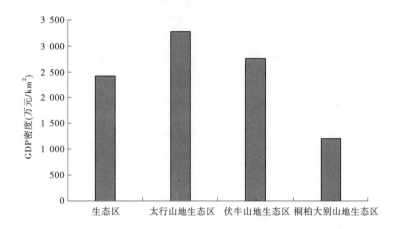

图 4-11　不同生态区 GDP 密度比较

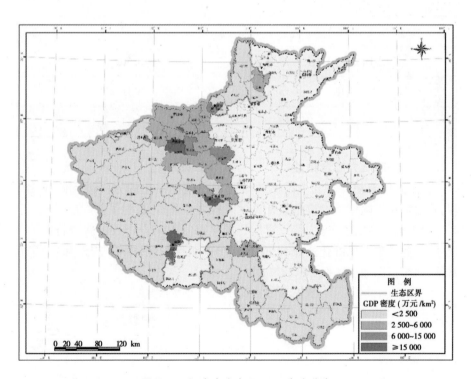

图 4-12　河南省生态区 GDP 密度分布

4.4.2 生态压力综合统计分析

4.4.2.1 生态压力相关指标权重值计算

利用层级分析法(AHP),构建层次结构模型,根据专家打分法构建出生态压力不同相关指标的判断矩阵,然后利用 yaahp 软件计算得出生态压力各相关指标的相对权重值,如表 4-4 所示,耕地和建设用地面积占比和不透水地表面积占比两个指标权重相对较高,分别为 0.39 和 0.30,占了超过 60% 的权重,其次是人口密度和 GDP 密度,权重值分别为 0.15 和 0.11,植被受干扰指数权重值相对较小,为 0.054。

表 4-4　生态压力指标权重值

指标名称	权重值
植被受干扰指数	0.054
耕地和建设用地面积占比	0.39
不透水地表面积占比	0.30
人口密度	0.15
GDP 密度	0.11

4.4.2.2 生态压力综合指数

将生态压力相关的五个指标数据通过离差标准化的方法进行归一化处理,然后根据不同指标的权重值计算生态压力综合指数,为了更好地比较生态区域内生态压力的差异化,将计算所得的生态压力综合指数再次进行归一化处理,将数值范围标准化的 0~100,然后分 5 级(优、良、中等、较差和差)进行评估,评级标准如表 4-5 所示。

表 4-5　生态压力指数分级标准

级别	优	良	中等	较差	差
指数	$EI < 20$	$20 \leq EI < 35$	$35 \leq EI < 50$	$50 \leq EI < 75$	$EI \geq 75$
状态	生态压力小	生态压力较小	生态压力中等	生态压力较大	生态压力大

生态区内近五成面积处于生态压力中等及以上级别中,近两成面积处于生态压力较大及以上级别中,其中太行山地生态区及桐柏大别山地生态区皆六成面积处于生态压力中等及以上级别中,伏牛山地生态区四成以上面积处于生态压力中等及以上级别中。根据图4-13,生态区内71个县(区)中,55个县(区)处于生态压力中等及以上级别中,占生态区总面积的48.26%,30个县(区)处于生态压力较大及以上级别中,面积占生态区总面积的19.05%,生态区内太行山地生态区、伏牛山地生态区、桐柏大别山地生态区表现出明显不同的生态压力分布,其中太行山地生态区,在16个县区中,生态压力中等以上的县(区)数据达14个,面积占太行山地生态区面积的占比达62.80%,生态压力较大级别及以上县(区)数9个,面积占太行山地生态区面积的占比为26.06%。桐柏大别山地生态区,在13个县(区)中,生态压力中等以上的县(区)数为8个,面积占桐柏大别山地生态区面积的占比达60.12%,生态压力较大级别及以上县(区)数1个,面积占桐柏大别山地生态区面积的占比为5.70%。伏牛山地生态区,在42个县(区)中,生态压力中等以上的县(区)数为28个,面积占伏牛山地生态区面积的占比为40.60%,生态压力较大级别及以上县(区)数20个,面积占伏牛山地生态区面积的占比为23.30%。

市辖区、东部平原县开发强度较大,普遍生态压力较大。根据生态区生态压力分布图(见图4-13)可以看出,从西向东,各县区面临的生态压力呈现明显的递增趋势,越往东,生态压力越大,这主要受生态区内地形、区位、政策等综合因素影响,区内山地、受保护区等主要位于生态区西部,受制于地形及保护区相关政策限制等因素,生态区内西部县内生态压力总体处于中等以下级别,生态压力小,生态环境较好,而东部地形总体较低,地形较为平坦,保护区面积较小,开发限制因素较小,因此开发强度较大,对自然生态干扰较强,生态压力总体处于中等及以上级别中,生态压力较大,维持良好的生态环境面临较大压力。同时,由于市辖区为其城市市区的核心组成部分和区域发展的中心,城市化一般处于较高水平,人口密度大,流动人口相对集中,对自然生态开发强度大,整体上处于生态压力较大级别以上,从生态区不同县(区)生态压力指数的比较(见图4-14)可以看出,三个不同的生态区中所有的市辖区生态压力综合指数分级基本上都在较大级别以上,尤其在太行山地生态区境内焦作

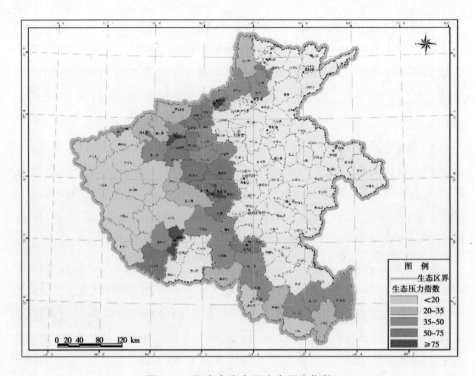

图 4-13　河南省生态区生态压力指数

市域的山阳区、解放区和马村区,伏牛山地生态区境内的瀍河区、西工区、老城区、卧龙区、新华区、涧西区和卫东区,这些市辖区的生态压力指数分级均在较大级别,生态压力综合指数得分在 75 以上。因此,在城市核心区尤其需要重视对自然生态环境的保护,促进经济与环境协调发展。

　　通过对生态压力指数及相关指数的综合比较发现,耕地和建设用地面积占比、植被受干扰指数及不透水面积占比三个指数的变化趋势较为相似,且与人口密度和 GDP 密度相比,对生态压力指数的贡献率更高,这从一个侧面反映出,人口数量和经济发展总量这些因素会对生态压力产生影响,但是这些影响与人类因为自身生产生活需求及社会经济发展对生态产生的干扰相比,指标本身的影响力更低一些,例如人口数量本身对生态可能并没有直接的压力,但是人口数量的增长所带来农业生产活动的加剧、建设用地的增加、交通的建设等人类活动对生态系统产生了极大的扰动,打破了自然生态系统物质流、能量流的平衡,给生态系统的发展产生压力,从而带来了生态系统的破坏。

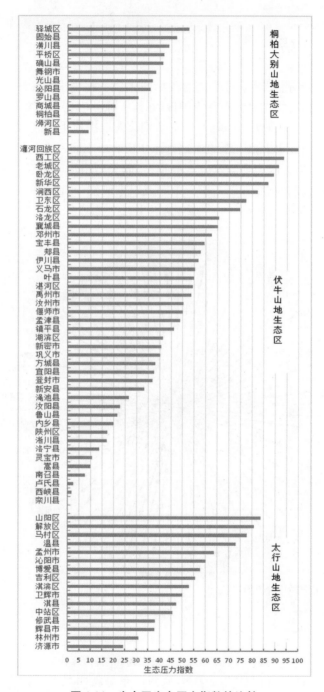

图4-14　生态区生态压力指数的比较

4.5 小 结

　　生态压力各相关指标的综合比较见图4-15。整个生态区内近20%的面积上生态压力较大,主要分布在市辖区、东部平原县(区)域,其余80%面积上的县(区)生态压力评级为中等及以下级别。太行山地生态区、桐柏大别山地生态区、伏牛山地生态区三个生态区生态压力有所不同,伏牛山地生态区四成以上面积处于生态压力中等及以上级别中,而太行山地生态区及桐柏大别山地生态区皆六成面积处于生态压力中等及以上级别中,面临的生态压力整体上较伏牛山地生态区较高。

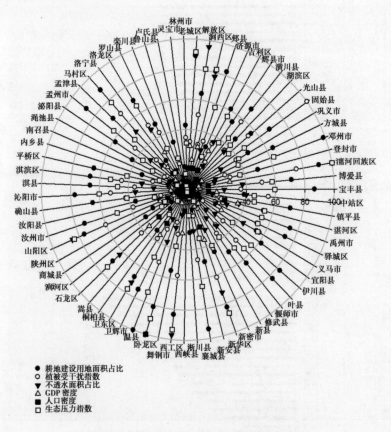

　●耕地建设用地面积占比
　○植被受干扰指数
　▼不透水面积占比
　△GDP密度
　●人口密度
　□生态压力指数

图4-15　生态压力各相关指标的综合比较

整个生态区各县(区)生态压力从西向东呈现明显的递增趋势,西部县

(区)内生态压力总体处于中等以下级别,生态压力小,越往东,生态压力越大,太行山地生态区,生态压力较大级别及以上县(区)数 9 个,面积占太行山地生态区面积的比为 26.06%。桐柏大别山地生态区,生态压力较大级别及以上县(区)数 1 个,面积占桐柏大别山地生态区面积的比为 5.70%。伏牛山地生态区,生态压力较大级别及以上县(区)数 20 个,面积占伏牛山地生态区面积的占比为 23.30%。

第5章　生态区生态现状综合分析

5.1　指标体系

完成耕地覆盖率、园地覆盖率、林地覆盖率、草地覆盖率、水域覆盖率、斑块数、平均斑块面积、边界密度、破碎度指数、聚集度指数和多样性指数等 11 个指标的统计与计算。生态区生态格局综合统计分析指标如表 5-1 所示。

表 5-1　生态区生态格局综合统计分析指标

一级	二级	
生态现状	自然生态系统构成	耕地覆盖率
		园地覆盖率
		林地覆盖率
		草地覆盖率
		水域覆盖率
	生态景观格局	斑块数
		平均斑块面积
		边界密度
		破碎度指数
		聚集度指数
		多样性指数

5.1.1　耕地覆盖率

指标含义:指经过开垦用以种植农作物并经常进行耕耘的土地面积与统计单元的面积比例。

计算公式:

$$耕地覆盖率 = \frac{耕地面积}{统计单元面积} \times 100\%$$

5.1.2　园地覆盖率

指标含义:指连片人工种植、多年生木本和草本作物,集约经营的,以采集果实、叶、根、茎等为主、作物覆盖度一般大于50%的土地面积与统计单元的面积比例。

计算公式：

$$园地覆盖率 = \frac{园地面积}{统计单元面积} \times 100\%$$

5.1.3 林地覆盖率

指标含义：乔木林、灌木林、乔灌混合林、疏林地、其他林地面积与统计单元的面积比例。

计算公式：

$$林地覆盖率 = \frac{林地面积}{统计单元面积} \times 100\%$$

5.1.4 草地覆盖率

指标含义：高、中、低覆盖草地面积与统计单元的面积比例。

计算公式：

$$草地覆盖率 = \frac{草地面积}{统计单元面积} \times 100\%$$

5.1.5 水域覆盖率

指标含义：河流、湖泊、水库、滩涂、沼泽地的面积比。

计算公式：

$$水域覆盖率 = \frac{水域面积}{统计单元面积} \times 100\%$$

5.1.6 斑块数

指标含义：评价范围内斑块的数量。该指标用来衡量目标景观的复杂程度，斑块数量越多，说明景观构成越复杂。

计算方法：应用 GIS 技术及景观结构分析软件 FRAGSTATS3.3 分析斑块数。其中，NP 为斑块数量。

5.1.7 平均斑块面积

指标含义：评价范围内斑块的平均面积。该指标可以用于衡量景观总体完整性和破碎化程度，平均斑块面积越大，说明景观较完整，破碎化程度较低。

计算方法:应用 GIS 技术及景观结构分析软件 FRAGSTATS3.3 分析平均斑块面积 MPS。

$$MPS = \frac{TS}{NP}$$

式中　MPS——平均斑块面积;

　　　TS——评价区域总面积;

　　　NP——斑块数量。

5.1.8　边界密度

指标含义:边界密度也称为边缘密度,边缘密度包括景观总体边缘密度(或称景观边缘密度)和景观要素边缘密度(简称类斑边缘密度)。景观边缘密度(ED)是指景观总体单位面积异质景观要素斑块间的边缘长度。景观要素边缘密度(ED_i)是指单位面积某类景观要素斑块与其相邻异质斑块间的边缘长度。

它是从边形特征描述景观破碎化程度,边界密度越高,说明斑块破碎化程度越高。计算公式:

$$ED = \frac{1}{A}\sum_{i=1}^{M}\sum_{j=1}^{M}P_{ij} \qquad ED_i = \frac{1}{A_i}\sum_{j=1}^{M}P_{ij}$$

式中　ED——景观边界密度(边缘密度),边界长度之和与景观总面积之比;

　　　ED_i——景观中第 i 类景观要素斑块密度;

　　　Ai——景观中第 i 类景观要素斑块面积;

　　　P_{ij}——景观中第 i 类景观要素斑块与相邻第 j 类景观要素斑块间的边界长度。

5.1.9　破碎度指数

指标含义:破碎度表征景观被分割的破碎程度,反映景观空间结构的复杂性,在一定程度上反映了人类对景观的干扰程度。它是由于自然或人为干扰所导致的景观由单一、均质和连续的整体趋向于复杂、异质和不连续的斑块镶嵌体的过程,景观破碎化是生物多样性丧失的重要原因之一,它与自然资源保护密切相关。

计算公式:

$$C_i = N_i / A_i$$

式中　C_i——景观 i 的破碎度;

　　　N_i——景观 i 的斑块数;

A_i——景观 i 的总面积。

5.1.10　聚集度指数

指标含义:指景观中不同斑块类型的非随机性或聚集程度。聚集度指数越高,说明景观完整性较好,相对的破碎化程度较低。

计算公式:

$$C = 2\ln N + \sum \sum P_{ij}\ln P_{ij}$$

式中　N——景观中斑块类型总数;

　　　P_{ij}——斑块类型 i 与 j 相邻的概率。

5.1.11　多样性指数

指标含义:指景观元素或生态系统在结构、功能及随时间变化方面的多样性,它反映了绿地景观类型的丰富度和复杂度。随着多样性数值的增加,景观结构组成的复杂性也趋于增加。计算方法:

$$SHDI = \sum_{i=1}^{m} p_i \ln p_i$$

式中　$i = 1,2,\cdots,m$——斑块类型数量;

　　　P_i——斑块类型 i 所占景观面积的比例。

5.2　数据源

指标计算所用数据主要来源于地理国情数据。

5.3　研究方法

5.3.1　权重值确定

根据专家意见确定各层级指标相对重要性的分值,采用层次分析法(AHP)和变权法相结合确定各个评价指标的权重。

层级分析法:

构造判断矩阵。以 A 表示目标,u_i、$u_j(i,j=1,2,\cdots,n)$ 表示因素。U_{ij} 表示 u_i 对 u_j 的相对重要性数值。并由 u_{ij} 组成 A – U 判断矩阵 $\boldsymbol{P}$。

$$P = \begin{bmatrix} u_{11} & u_{12} & \cdots & u_{1n} \\ u_{21} & u_{22} & \cdots & u_{2n} \\ \vdots & \vdots & & \vdots \\ u_{n1} & u_{n2} & \cdots & u_{nn} \end{bmatrix}$$

根据各个评价指标相对于上一层评价的重要性确定其在评价中的比例,就是权重值。计算重要性排序。根据判断矩阵,求出其最大特征根 λ_{max} 所对应的特征向量 ω。方程如下:

$$P\omega = \lambda_{max}\omega$$

所求特征向量 ω 经归一化,即为各评价因素的重要性排序,也就是权重分配。

一致性检验。以上得到的权重分配是否合理,还需要对判断矩阵进行一致性检验。检验使用公式:

$$CR = CI/RI$$

式中 CR——判断矩阵的随机一致性比率, $CR = (\lambda_{max} - n)/(n - 1)$;

CI——判断矩阵的一般一致性指标;

RI——判断矩阵的平均随机一致性指标。

1~9 阶的判断矩阵的 RI 值见表 5-2,Satty 标度见表 5-3。当判断矩阵 P 的 $CR < 0.1$ 时或 $\lambda_{max} = n$,$CI = 0$ 时,认为 P 具有满意一致性,否则需调整 P 中的元素,以使其具有满意一致性。

表 5-2 平均随机一致性指标

N	1	2	3	4	5	6	7	8	9
RI	0	0	0.58	0.90	1.12	1.24	1.32	1.41	1.45

表 5-3 Satty 标度

标度	含义
1	表示两个因素相比,具有相同重要性
3	表示两个因素相比,前者比后者稍重要
5	表示两个因素相比,前者比后者明显重要
7	表示两个因素相比,前者比后者强烈重要
9	表示两个因素相比,前者比后者极端重要
2,4,6,8	表示上述相邻判断的中间值
倒数	若因素 i 与因素 j 的重要性之比为 a_{ij},那么因素 j 与因素 i 重要性之比 $a_{ji} = 1/a_{ij}$

通过层级分析法最终得到二级指标对一级指标的权重。

5.3.2 指数计算

首先考虑到各个具体指标数据单位不同、变化范围不同,并且这些指标对生态格局的影响程度不同,利用标准处理法、极值处理法、归一化处理法、加权平均法等数据处理方法对各个具体指标进行无量纲化,由此得出各个城市的具体指标得分。根据标准化之后的指标值和对应的权重值,计算得出生态现状指数值。

5.4 研究结果

5.4.1 生态现状主要表征指标统计分析

5.4.1.1 耕地覆盖率

耕地主要用于农业生产,用以满足人类食物的需求,是土地利用类型中重要的组成部分,也是人类活动干扰比较强烈的地区。耕地覆盖率指经过开垦用以种植农作物并经常进行耕耘的土地面积与统计单元的面积比例。本书研究利用地理国情基本统计数据,计算了各县(区)及生态区内耕地覆盖率,统计结果如图5-1、图5-2所示。

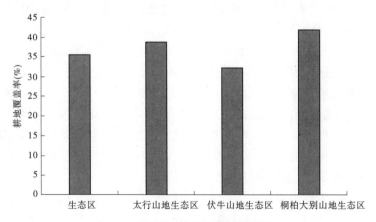

图 5-1 不同生态区耕地覆盖率对比

区域内耕地覆盖率整体较高,三个生态区相比,桐柏大别山地生态区耕地覆盖率最高,太行山地生态区次之,伏牛山地生态区最低。整个生态区中,国

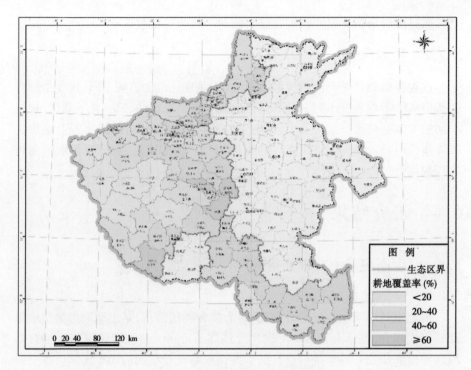

图 5-2　河南省生态区耕地覆盖率

土面积的 35.55% 分布着耕地,说明区域中目前超过 1/3 的面积受到农业生产活动的影响,主要用来生产食物。三个生态区中,桐柏大别山地生态区和太行山地生态区耕地覆盖率高过区域平均值,分别达到 41.95% 和 38.59%,伏牛山地生态区耕地覆盖率在整个生态区属于相对较低水平,达到了 32.32%。

整个生态区范围内耕地覆盖率由西向东呈增加趋势,西部伏牛山区及部分市辖区耕地覆盖率较低。伏牛山地生态区西部灵宝市、卢氏县、西峡县、栾川县、嵩县和南召县,以及洛阳市域的瀍河回族区、嵩县及西工区耕地覆盖率相对较低,均在 20% 以下。邓州市、襄城县、叶县、宝丰县等农业规模较大的县市耕地覆盖率较高,达到了 60% 以上。太行山地生态区除焦作市辖区解放区和中站区外,耕地覆盖率均高于 20%,其中温县、孟州市、卫辉市等地国土面积的一半以上均为耕地。桐柏大别山地生态区信阳市域的浉河区和新县耕地覆盖率低于 20%,其他区县均高于 30%,其中潢川县、固始县、驿城区、确山县、平桥区等县(区)耕地覆盖率均超过 50%。

5.4.1.2　园地覆盖率

园地指连片人工种植、多年生木本和草本作物,集约经营的,以采集果实、叶、根、茎等为主、作物覆盖度一般大于50%的土地面积。园地覆盖率指园地的面积在统计单元总面积中的占比。本书研究利用地理国情基本统计数据,以县(区)为统计单元,计算了各县(区)及生态区的园地覆盖率,统计结果如图5-3、图5-4所示。

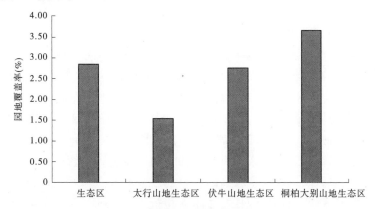

图 5-3　不同生态区园地覆盖率比较

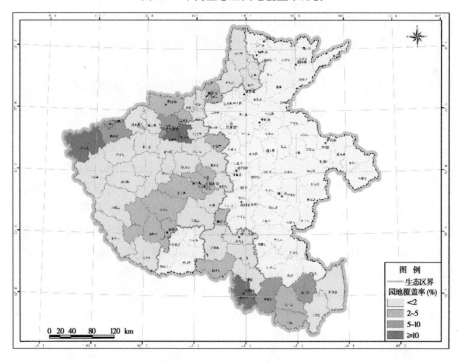

图 5-4　河南省生态区园地覆盖率

生态区园地覆盖率整体较低,三个生态区相比,桐柏大别山地生态区园地覆盖率最高,伏牛山地生态区次之,太行山地生态区最小。区域内园地覆盖率各县(区)均在10%以下。生态区整体园地面积占国土面积的2.85%。桐柏大别山地生态区园地覆盖率超过了生态区平均水平,在三个生态区中最高,达到了国土面积的3.65%,伏牛山地生态区和太行山地生态区园地覆盖率均低于生态区平均水平,分别为2.76%和1.56%。

园地覆盖率较高的区域在整个生态区呈斑块状分布。从整个生态区不同区域园地覆盖率的统计结果来看,园地主要集中分布在太行山地生态区的西部、伏牛山地生态区的北部和中部,以及桐柏大别山地生态区的中部。太行山地生态区园地覆盖率较高的县(区)主要包括洛阳市的吉利区,焦作市的马村区、山阳区、孟州市、修武县和济源市,覆盖率在2%以上,最高达到5.48%,区域内博爱县、辉县市、淇滨区和淇县等县(区)园地覆盖率较低,均在1%以下。伏牛山地生态区园地覆盖率较高的县(区)主要包括灵宝市、偃师市、洛龙区、西工区、湖滨区、陕州区、涧西区、孟津县和新华区,在5.23~14.46%以上,伏牛山地生态区中部老城区、义马市、瀍河回族区、卧龙区、卫东区、内乡县、郏县、镇平县、宝丰县、湛河区、南召县、鲁山县及新密市园地覆盖率为2%~5%,区域内邓州市、巩义市、卢氏县、汝州市和汝阳县园地覆盖率较低,均在1%以下。桐柏大别山地生态区园地覆盖率较高的区域主要位于浉河区、潢川县、罗山县、光山县、新县、桐柏县和舞钢市,为2.18%~13.66%,较低的区域主要位于泌阳县和平桥区,在1%以下。

5.4.1.3 林地覆盖率

林地是森林和野生动植物生存和发展的根基,是社会发展的基础性自然资源和战略性经济资源,在维护地区生态安全、保障木材及林产品供给中具有核心地位,在应对气候变化中具有特殊地位。林地覆盖率是指统计区域内乔木林、灌木林、乔灌混合林、疏林地、其他林地面积与统计单元的面积比例。维护一定比例的林地覆盖率是一个地区要保持良好的生态环境的重要组成部分,是生态环境建设和保护的重点指标。利用地理国情基本统计数据,计算各县(区)及生态区林地覆盖率,统计结果如图5-5、图5-6所示。

生态区林地覆盖率占比为44.08%,近七成林地分布在伏牛山地生态区,生态区内林地覆盖率呈现中间伏牛山地生态区高,上下太行山地生态区、桐柏大别山地生态区两头较低。2015年,河南省生态区林地覆盖率为44.08%,林地面积为4.03万km²。其中,伏牛山地生态区林地覆盖率最高,达49.10%,林地面积为2.80万km²,区域内约一半面积为林地,占生态区整个林地面积

的 69.45% 。其次是太行山地生态区,林地覆盖率为 39.32% ,林地面积为
0.42 万 km² ,占生态区整个林地面积的 10.41% 。再次是桐柏大别山地生态
区,林地覆盖率为 34.18% ,林地面积为 0.81 万 km² ,占生态区整个林地面积
的 20.14% 。

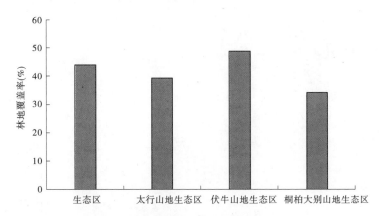

图 5-5 不同生态区林地覆盖率对比

　　林地覆盖率大于 60% 的区域集中在伏牛山地生态区中西部 9 个县(区),
在生态区中 9 县(区)以 1/4 的国土面积占比支撑着生态区近五成的林地面
积。在生态区 71 个县(市、区)中,林地覆盖率大于 60% 的有 9 个县(区),主
要集中在伏牛山地生态区中西部的栾川县、西峡县、卢氏县、嵩县、南召县、洛
宁县、陕州区、灵宝市以及桐柏大别山地生态区的新县,其国土面积占生态区
的 26.29% ,但林地总面积达 1.78 万 km² ,占整个生态区林地面积的
44.17% 。林地覆盖率在 40% ~60% 的有 17 个,林地面积为 1.34 万 km² ,占
整个生态区林地面积的 33.25% ,主要分布在伏牛山地生态区中部、东部的汝
阳县、内乡县、淅川县等 9 县(市),太行山地片区的北部济源市、林州市、中站
区等 5 县(区),以及桐柏大别山地生态区的南部浉河区、商城县、桐柏县 3 县
(区)。林地覆盖率在 20% ~40% 的县(区)有 26 个,主要分布在伏牛山地生
态区的东北部 12 个县(区),太行山地生态区的东部、南部 7 个县(区),以及
桐柏大别山地生态区西部 7 个县(区)。林地覆盖率在 20% 以下的 19 个,主
要分布在伏牛山地生态区的东部、南部 13 个县(区),太行山地生态区的南部
4 个县(区),以及桐柏大别山地生态区东部 2 个县(区)。

5.4.1.4　草地覆盖率

　　草地是地球陆地上面积仅次于森林的第二个绿色覆被层,在生态与经济
上的意义与作用都十分重大,与森林和农田一起是地球上三个最重要的绿色

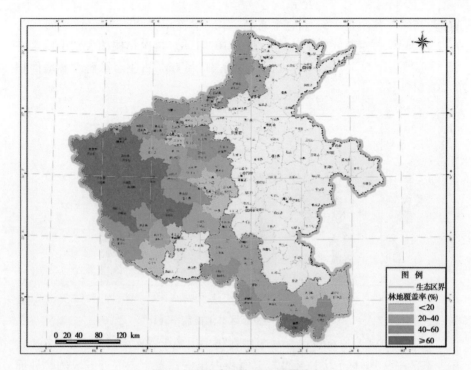

图5-6 河南省生态区林地覆盖率

光合物质的来源,在环境与生物多样性保护方面,尤其在防止土地的风蚀沙化、水土流失、盐渍化和旱化等方面,具有重要的生态功能。草地覆盖率是指统计区域内高、中、低覆盖草地面积与统计单元的面积比例。利用地理国情基本统计数据,计算各县(区)及生态区草地覆盖率,统计结果如图5-7、图5-8所示。

　　生态区草地覆盖率为2.66%,草地八成分布在桐柏大别山地生态区,其余二成主要分布在太行山地生态区。2015年,生态区草地面积0.24万 km^2,草地覆盖率为2.66%,其中桐柏大别山地生态区草地覆盖率最高,草地面积为0.20万 km^2,草地覆盖率为8.45%,占整个生态区草地面积的82.64%,太行山地生态区其次,草地覆盖率为2.66%,草地面积为0.032万 km^2,占整个生态区草地面积的13.03%,伏牛山地生态区最少,草地覆盖率为0.18%,草地面积仅0.011万 km^2。

　　草地分布集中,草地覆盖率大于5%的区域主要集中在13个县(区),桐柏大别山地生态区的9个县(区)及太行山地生态区中部3区,其草地面积占整个生态区的草地面积的近八成。根据草地覆盖率分级结果,草地覆盖率大

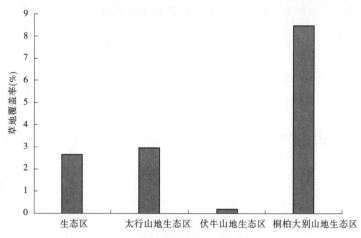

图 5-7　不同生态区草地覆盖率对比

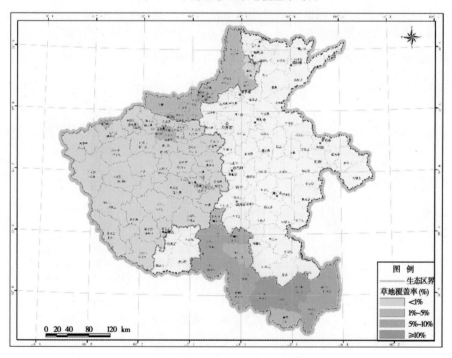

图 5-8　河南省生态区草地覆盖率

于 10% 的有 3 个县,全部集中在桐柏大别山地生态区的中部,分别是光山县、罗山县和潢川县,其草地总面积 0.069 万 km²,占生态区草地面积的 28.75%。草地覆盖率在 5% ~ 10% 的有 10 个县(区),分别是桐柏大别山地生态区的平桥区、固始县、泌阳县、浉河区、桐柏县、商城县、驿城区 7 县(区),以及太行山地生态区中部的山阳区、中站区、吉利区 3 区,其草地总面积为 0.12 万 km²,占生态区草地面积的 50.00%。草地覆盖率在 1% ~5% 的有 23 个县(区),其中桐柏大别山地生态区 3 个县(区)、太行山地生态区 11 个县(区)、伏牛山地生态区 9 个县(区)。草地覆盖率小于 1% 的有 35 个县(区),主要分布于伏牛山地生态区。

5.4.1.5 水域覆盖率

水域在自然、经济、社会发展中具有防洪、排涝、蓄水、养殖、景观、生态、环境等多种功能,是公共资源的重要组成部分,是维持人与自然和谐共处、经济环境协调发展的重要的自然资源。而水域中的湿地是"地球之肾",是珍贵的自然资源、重要的生态系统,具有维持生态平衡、保持生物多样性和珍稀物种资源及涵养水源、蓄洪防旱、降解污染、调节气候、补充地下水、控制土壤侵蚀等多种生态功能。水域覆盖率是指统计区域内河流、湖泊、水库、滩涂、沼泽地的面积与统计单元的面积比例。利用地理国情基本统计数据,计算各县(区)及生态区水域覆盖率,统计结果如图 5-9、图 5-10 所示。

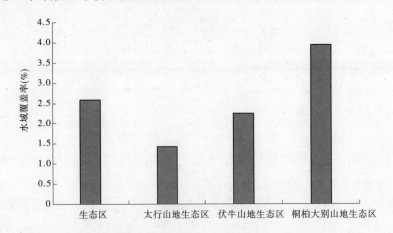

图 5-9 不同生态区水域覆盖率对比

生态区水域覆盖率为 2.59%,九成分布在伏牛山地生态区与桐柏大别山地生态区,其水域面积分别占生态区水域总面积的 54.13%、39.46%。2015年,生态区水域面积为 0.24 万 km²,水域覆盖率为 2.59%,其中桐柏大别山地生态区水域覆盖率最高,为 3.94%,水域面积为 0.093 万 km²,占生态区水域总面积的 39.46%,伏牛山地生态区水域覆盖率居次,水域覆盖率为 2.25%,

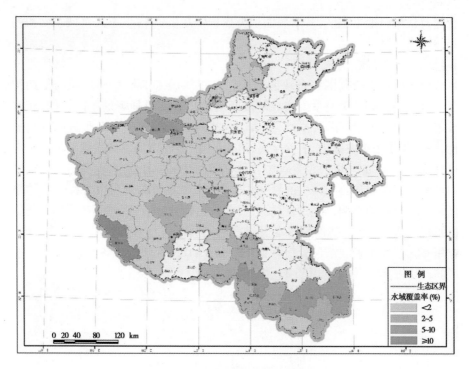

图 5-10　河南省生态区水域覆盖率

水域面积为 0.13 万 km^2,占生态区水域总面积的 54.13%,太行山地生态区水域覆盖率最低,为 1.42%,水域面积为 0.015 万 km^2,占生态区水域总面积的 6.40%。

　　近 1/5 的水域分布在伏牛山地生态区的淅川县、湛河区。水域覆盖率大于 2% 的县(区)有 26 个,其水域面积占生态区水域总面积的 74.17%,主要分布在桐柏大别山地生态区,伏牛山地生态区的南部、北部,太行山地生态区的西部。根据分级结果,水域覆盖率大于 10% 的有 2 个县(区),分别是伏牛山地生态区的淅川县、湛河区,其水域面积为 0.043 万 km^2,占生态区水域总面积的 17.92%。水域覆盖率在 5% ~ 10% 的有 8 个县(区),分别是太行山地生态区的吉利区,伏牛山地生态区的湖滨区、新安县、孟津县,桐柏大别山地生态区的潢川县、固始县、光山县、平桥区,其水域面积为 0.063 万 km^2,占生态区水域总面积的 26.25%。水域覆盖率在 2% ~ 5% 的有 16 个县(区),分别是太行山地生态区 3 个县(区),伏牛山地生态区的 6 个县(区),桐柏大别山地生态区的 7 个县(区),其水域面积为 0.069 万 km^2,占生态区水域总面积的 28.75%。水域覆盖率小于 2%,共涉及 45 个县(区),广泛分布在太行山地生态区及伏牛山地生态区,其水域面积为 0.062 万 km²,占生态区水域总面积的 25.83%。

5.4.1.6 斑块数

斑块数是评价范围内斑块的数量。该指标用来衡量目标景观的复杂程度,斑块数量越多,说明景观构成越复杂。斑块数反映景观的空间格局,经常被用来描述整个景观的异质性,其值的大小与景观破碎度也有很好的正相关性,一般规律是斑块数大,破碎度高;斑块数小,破碎度低。斑块数对许多生态过程都有影响,如可以决定景观中各种物种及其次生种的空间分布特征,改变物种间相互作用和协同共生的稳定性。另外,斑块数对景观中各种干扰的蔓延程度有重要的影响,如果类板块数目多且比较分散时,则对某些干扰的蔓延(虫灾、火灾等)有抑制作用。本书研究利用河南省地理国情基本统计数据,应用 GIS 技术及景观结构分析软件 FRAGSTATS3.3 分析了各县(区)及生态区的斑块数,统计结果如图 5-11、图 5-12 所示。

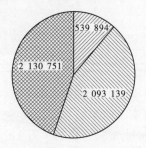

☑太行山地生态区 ☐伏牛山地生态区 ☒桐柏大别山地生态区

图 5-11　不同生态区斑块数比较　(单位:个)

桐柏大别山地生态区斑块数相对较多,景观破碎度及景观复杂性相对其他两个区较为高。整个生态区斑块数总共 4 763 784 个,其中桐柏大别山地生态区斑块数最多,为 2 130 751 个,以占生态区整个面积的 25.98%,贡献了生态区斑块总数的 44.73%;其次是伏牛山地生态区,区域斑块数有 2 093 139个,以占生态区整个面积的 62.35%,贡献了整个生态区斑块总数的 43.93%;太行山地生态区斑块数最少,为 539 894 个,以占生态区整个面积的 11.67%,贡献了整个生态区斑块总数的 11.33%。从三个生态区占整个生态区的面积占比与斑块数占比来看,桐柏大别山地生态区斑块数相对较多,景观破碎度及景观复杂性相对其他两个区较为高。

太行山地生态区区域斑块数整体较少,区域景观异质性及复杂性相对较

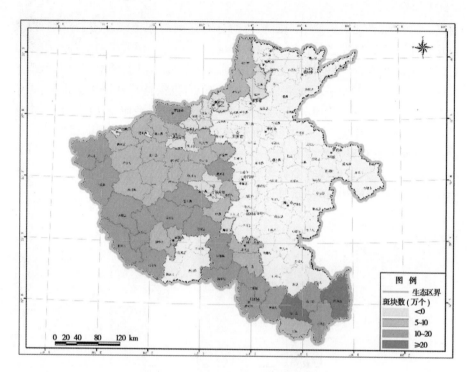

图 5-12　河南省生态区斑块指数分布

低。太行山地生态区从整个生态区各县(区)斑块数来看,桐柏大别山地生态区、伏牛山地生态区内县(区)斑块数整体较多,大部分斑块数都在 5 万个以上,桐柏大别山地生态区南部的光山县、固始县斑块数量多,在 20 万个以上;伏牛山地生态区西部灵宝市、卢氏县、西峡县、内乡县、淅川县、邓州市等,以及中部鲁山县、南召县、方成县,斑块数量在 10 万～20 万个;伏牛山地生态区北部,桐柏大别山地生态区北部驿城区、确山县,以及太行山地生态区北部林州、辉县,斑块数量在 5 万～10 万个;斑块数量少于 5 万个的县(区)主要集中在太行山地生态区南部的修武县、中站区、解放区、沁阳市、孟州市、温县、博爱县、马村区、山阳区等区域。由于太行山地生态区区域地形相对其他区域较为平坦,区域经济发展较为快速,开发力度较大,大规模成片开发导致区域斑块数量较少,区域以建设用地、耕地等为主,景观异质性及复杂性较低。

5.4.1.7　平均斑块面积

　　平均斑块面积为评价范围内所有斑块的平均面积。该指标可以用于衡量景观总体完整性和破碎化程度,平均斑块面积越大说明景观较完整,破碎化程度较低。平均斑块面积代表一种平均状况,在景观结构分析中反映两方面的含义,一方面,景观中斑块平均面积值的分布区间对图像或地图的范围,以及对景观中最小斑块粒径的选取有制约作用;另一方面,平均斑块面积可以指征景观的破碎程度,如人们认为在景观级别上一个具有较小平均斑块面积值的景观比一个具有较大平均斑块面积值的景观更破碎,同样在斑块级别上,一个具有较小平均斑块面积值的斑块类型比一个具有较大平均斑块面积值的斑块类型更破碎。研究发现,平均斑块面积值的变化能反馈更丰富的景观生态信息,它是反映景观异质性的关键。本书研究利用河南省地理国情基本统计数据,应用 GIS 技术及景观结构分析软件 FRAGSTATS3.3 分析了各县(区)及生态区的平均斑块面积,统计结果如图 5-13、图 5-14 所示。

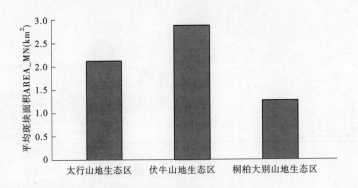

图 5-13 不同生态区平均斑块面积对比

从太行山地生态区、伏牛山地生态区、桐柏大别山地生态区平均斑块面积来看,伏牛山地生态区平均斑块面积最高,为 2.72 km^2/个;太行山地生态区平均斑块面积其次,为 1.97 km^2/个;桐柏大别山地生态区平均斑块面积最少,为 1.11 km^2/个。与斑块数分布结果类似,桐柏大别山地生态区相比伏牛山地生态区、太行山地生态区景观破碎程度较高。

桐柏大别山地生态区东部县(区)景观破碎度较高。从整个生态区各县(区)的平均斑块面积大小分布来看,与斑块数分布类似,伏牛山地生态区西部县(区)以及平均斑块面积最高,在 2 km^2/个以上,说明伏牛山地生态区西部县(区)景观完整性较高、破碎化程度较低,当地对生态环境保护较好。而桐柏大别山地生态区各县(区)整体平均斑块面积较低,在 13 个县(区)中有 6 个县(区)平均斑块面积在 1~1.5 km^2/个,主要位于该区的西部,在该区东部光山县、潢川县、固始县 3 个平均斑块面积小于 1 km^2/个,景观破碎度较高。太行山地生态区由于地形较为平坦、区位较好、经济发展规模较高,大规模的连片开发导致斑块数量较少,平均斑块面积较高,破碎化程度较低。

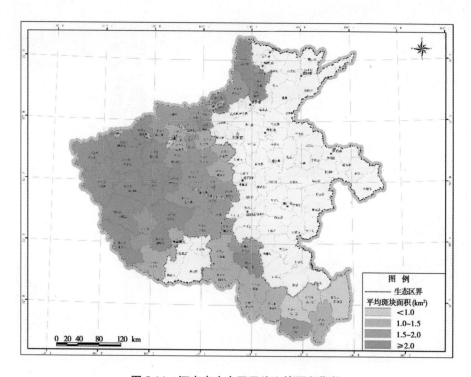

图 5-14 河南省生态区平均斑块面积指数

5.4.1.8 边界密度

边界密度也称为边缘密度,边缘密度包括景观总体边缘密度(或称景观边缘密度)和景观要素边缘密度(简称类斑边缘密度)。它是从边形特征描述景观破碎化程度,边界密度越高,说明斑块破碎化程度越高。景观边缘密度(ED)是指景观总体单位面积异质景观要素斑块间的边缘长度,ED 值越大,景观遭割裂的程度越高,相反,即景观的连通度越高。因此,ED 值能够直接反映景观的破碎化程度。本书研究利用河南省地理国情基本统计数据,应用 GIS 技术及景观结构分析软件 FRAGSTATS3.3 分析了各县(区)及生态区的边界密度,统计结果如图 5-15、图 5-16 所示。

从太行山地生态区、伏牛山地生态区、桐柏大别山地生态区边界密度大小来看,桐柏大别山地生态区边界密度最高,边界密度为 215.68 m/km²;太行山地生态区与伏牛山地生态区边界密度相当,分别为 140.98 m/km²、125.83 m/km²;与斑块数量、平均斑块面积结果类似,桐柏大别山地生态区景观破碎程度和景观割裂程度较高,伏牛山地生态区、太行山地生态区景观连通度较高,景观破碎化程度较低。

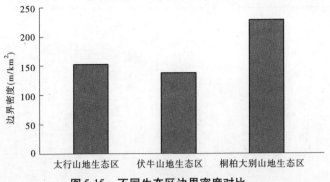

图 5-15　不同生态区边界密度对比

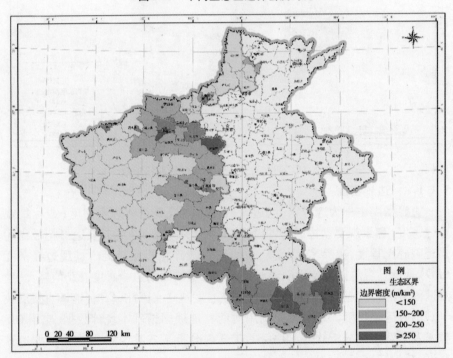

图 5-16　河南省生态区边界密度指数

　　从生态区各县(区)边界密度来看,东部地形较为平坦、受保护区面积小的县(区)边界密度高于西部山区县(区);在桐柏大别山地生态区中,东部光山县、潢川县、固始县、商城县等边界密度高于西部桐柏县、平桥区、浉河区、罗山县等县(区),边界密度在 200 m/km² 以上,在区内景观破碎程度和景观割裂程度更高。伏牛山地生态区西部县(区)边界密度低,边界密度多在 150

m/km² 以下,与斑块数、平均斑块面积结果类似,都表明该区域景观整体性好,破碎化程度低;东部县(区)边界密度较高,多在 150~200 m/km²。太行山地生态区多数县(区)边界密度较低,多在 150 m/km² 以下,但与伏牛山地生态区相比,景观的完整性和破碎化程度低更多是因为区域大规模连片开发的结果。

5.4.1.9 破碎度指数

破碎度表征景观被分割的破碎程度,反映景观空间结构的复杂性,在一定程度上反映了人类对景观的干扰程度。它是由于自然或人为干扰所导致的景观由单一、均质和连续的整体趋向于复杂、异质和不连续的斑块镶嵌体的过程,景观破碎化是生物多样性丧失的重要原因之一。本书研究利用河南省地理国情基本统计数据,应用 GIS 技术及景观结构分析软件 FRAGSTATS3.3 分析了各县(区)及生态区的破碎度指数,统计结果如图 5-17、图 5-18 所示。

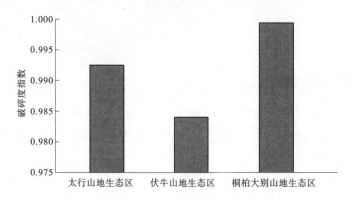

图 5-17　不同生态区破碎度指数对比

桐柏大别山地生态区具有最高的破碎度指数,景观破碎化程度高,区域受人类活动干扰大。从太行山地生态区、伏牛山地生态区、桐柏大别山地生态区破碎度指数大小来看,与斑块数、平均斑块面积、边界密度表征结果相似,桐柏大别山地生态区具有最高的破碎度指数,景观破碎化程度高,区域受人类活动干扰大,需注意协调好开发建设与环境保护之间的关系;其次是太行山地生态区,破碎化指数较高;伏牛山地生态区,破碎化程度较低。

从生态区各县(区)破碎化指数分布结果看,东部县(区)由于地形较为平坦,人类开发程度高、干扰大,破碎度指数总体较高。对于破碎化程度高的桐柏大别山地生态区,除新县破碎度指数相对较低外,其余县(区)破碎度指数都高,景观趋向于复杂、异质和不连续的斑块镶嵌体的过程。太行山地生态区

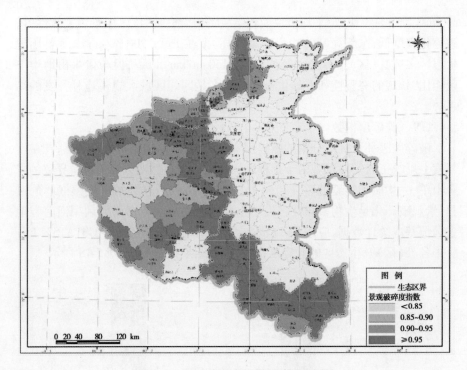

图 5-18　河南省生态区景观破碎度指数

北部的林州市、辉县、淇县、卫辉及东南部的孟州、温县、市辖区等区域破碎度
指数较高。伏牛山地生态区东部的巩义、登封、新密、禹州、孟津、偃师等区域
破碎度指数较高,西部县(区)破碎度指数较低。对于一定面积的每一种生态
系统来说,斑块数越少,平均面积越大,破碎化程度越低,越能充分发挥其生态
效益,而由于城市发展,人类对各种景观类型、自然生态系统的干扰越来越强,
在对生态环境保护不力的情况下,会导致各种景观类型、生态系统斑块数量越
来越多,破碎化程度越来越高,桐柏大别山地生态区正是表现出这种特征;而
随着人类大规模开发的进行,景观类型会趋于单一化、均质化,又会降低破碎
度指数,太行山地生态区各县(区)由于地形、区位、政策等优势,区域开发程
度较高,虽然区域受人类干扰强度较大,但破碎度指数较桐柏大别山地生态区
破碎度指数低。伏牛山地生态区由于山地较多,地形较高,区域内森林公园、
自然保护区等受保护面积大,受地形、保护政策等限制多,人类干扰程度较低,
表现出较低的破碎化程度。

5.4.1.10　聚集度指数

　　聚集度指数指景观中不同斑块类型的非随机性或聚集程度。聚集度指数

小,说明景观是由很多相互交错且分散分布的小斑块组成的,异质程度较高、聚集度指数高,说明景观是由数量较少,面积较大的斑块组成,异质程度较低,景观完整性较好,相对的破碎化程度较低。本书研究利用河南省地理国情基本统计数据,应用 GIS 技术及景观结构分析软件 FRAGSTATS3.3 分析了各县(区)及生态区的聚集度指数,统计结果如图 5-19、图 5-20 所示。

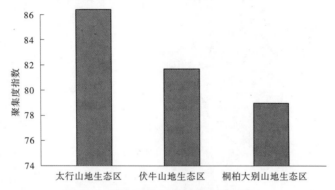

图 5-19 不同生态区聚集度指数对比

桐柏大别山地生态区是由很多相互交错且分散分布的小斑块组成的,异质程度较高。太行山地生态区区域景观由数量较少、面积较大的斑块组成,异质程度较低。太行山地生态区具有最高的聚集度指数,伏牛山地生态区其次,桐柏大别山地生态区聚集度指数最低。根据各生态区聚集度指数表明,桐柏大别山地生态区由很多相互交错且分散分布的小斑块组成,异质程度较高,进一步印证了破碎度指数较大的原因,景观破碎化程度高。而太行山地生态区聚集度指数高,区域内景观是由数量较少、面积较大的斑块组成,异质程度较低,结合区域破碎度指数较高,表明与桐柏大别山异质化程度较高的景观,太行山地生态区内景观趋于均质性,区域景观以面积较大的耕地、建设用地为主。伏牛山地生态区聚集度指数适中,与桐柏大别山地生态区相比斑块数少、面积较大,与太行山地生态区人类干扰的大片耕地、建设用地相比,斑块数多、面积较少。

伏牛山地生态区内西部县(区)具有高的聚集度指数,景观斑块数量少、面积大,林业生态完整性好。太行山地生态区、伏牛山地生态区、桐柏大别山地生态区内各县(区)聚集度指数分布又有所不同,在伏牛山地生态区内西部县(区)具有高的聚集度指数,说明西部县(区)内景观斑块数量少,面积大。而东部县(区)较西部来说,聚集度指数较低,但要高于桐柏大别山地生态区多数县(区),说明东部、县(区)具有较多的斑块数量、较大的面积,因而其破

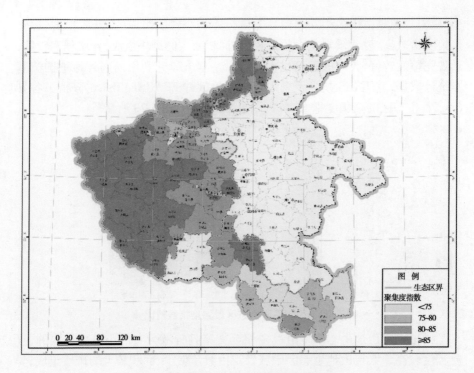

图 5-20　河南省生态区景观聚集度指数

碎度指数高于西部县(区)。桐柏大别山地生态区各县(区)与区域聚集度指数较一致,聚集度指数都较小,景观以面积的斑块为主,破碎化程度高。太行山地生态区各县(区)聚集度指数与伏牛山地生态区中、西部县(区)相近,县(区)内总体景观斑块数较少、面积较大。

5.4.1.11　多样性指数

　　多样性指数是指景观元素或生态系统在结构、功能及随时间变化方面的多样性,它反映了景观类型的丰富度和复杂度。随着多样性数值的增加,景观结构组成的复杂性也趋于增加。香农多样性指数在景观级别上等于各斑块类型的面积比乘以其值的自然对数之后的和的负值。多样性指数为0时表明整个景观仅由一个斑块组成,多样性指数增大,说明斑块类型增加或各斑块类型在景观中呈均衡化趋势分布。多样性指数是一种基于信息理论的测量指数,在生态学中应用很广泛。该指标能反映景观异质性,特别对景观中各斑块类型非均衡分布状况较为敏感,即强调稀有斑块类型对信息的贡献。在比较和分析不同景观或同一景观不同时期的多样性与异质性变化时,香农多样性指数也是一个敏感性指标。如在一个景观系统中,土地利用越丰富,破碎化程度越高,其不定性的信息含量也越大,计算出的多样性指数值也越高。景观生态学中的多样性与生态学中的物种多样性有紧密的联系,但并不是简单的正比关系,研究发现在同一景观中二者的关系一般呈正态分布。本书研究利用河南省地理国情基本统计数据,应用 GIS 技术及景观结构分析软件 FRAG-STATS3.3 分析了各县(区)及生态区的多样性指数,统计结果如图 5-21、图 5-22 所示。

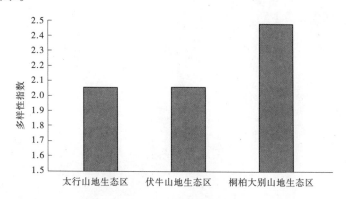

图 5-21　不同生态区多样性指数对比

　　桐柏大别山地生态区多样性指数高,区域内耕地、林地、建设用地等景观要素优势度接近,没有优势突出的土地利用类型。伏牛山地生态区林业景观类型优势明显,以自然景观为主。太行山地生态区多样性指数低,是以耕地、建设用地景观类型优势明显为主,以半自然或者人工景观为主。从图 5-21 可知,桐柏大别山地生态区多样性指数最高,其次是伏牛山地生态区和太行山地生态区。当一个区域内各种景观要素面积比接近、优势度不明显时,多样性指数较高;反之,则在区域各景观要素中,存在优势度强烈的某种景观要素时,多样性指数较低。桐柏大别山地生态区多样性指数高,说明区域内耕地、林地、建设用地等景观要素优势度接近,没有优势突出的土地利用类型。伏牛山地生态区林业景观类型优势明显,以自然景观为主,因而多样性指数低于桐柏大别山地生态区,而太行山地生态区多样性指数低,是以耕地、建设用地景观类型优势明显为主,以半自然或者人工景观为主。

　　从生态区各县(区)多样性指数来看,桐柏大别山地生态区各县(区)普遍多样性指数较高,各景观要素类型间较为均势。太行山地生态区各县(区)北部林州、淇县、卫辉等县(区)多样性指数较低,区域景观以半自然或人工景观为主。南部济源、沁阳、博爱等县(区)多样性指数较高,区域景观优势度接近。伏牛山地生态区各县(区)总体多样性指数较低,县(区)区域内景观以自

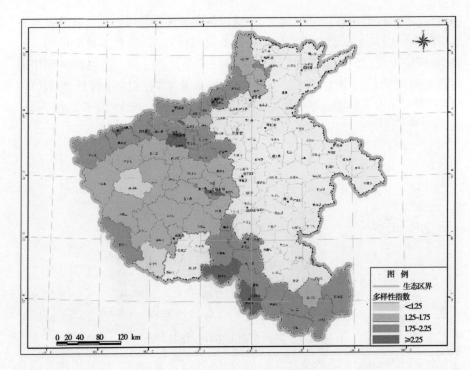

图 5-22　河南省生态区景观多样性指数

然景观类型为主。

5.4.2　生态现状综合统计分析

5.4.2.1　生态现状相关指标权重值计算

利用层级分析法(AHP),构建层次结构模型,根据专家打分法构建出生态压力不同相关指标的判断矩阵,然后利用 yaahp 软件计算得出生态现状各相关指标的相对权重值,如表5-4所示。

5.4.2.2　生态现状综合指数

将生态现状相关的11个指标数据通过离差标准化的方法进行归一化处理,然后根据不同指标的权重值计算生态现状综合指数,为了更好地比较生态区域内生态现状的差异化,将计算所得的生态现状综合指数再次进行归一化处理,将数值范围标准化的0～100,然后分5级(优、良、中等、较差和差)进行评估,评级标准如表5-5所示。

表 5-4　生态现状指标权重值

指标名称	权重值
林地覆盖率	0.36
水域覆盖率	0.12
聚集度指数	0.10
多样性指数	0.10
园地覆盖率	0.080
草地覆盖率	0.066
耕地覆盖率	0.036
平均斑块面积	0.033
破碎度指数	0.033
斑块数	0.033
边界密度	0.033

表 5-5　生态现状指数分级标准

级别	优	良	中等	较差	差
指数	$EI \geqslant 75$	$50 \leqslant EI < 75$	$35 \leqslant EI < 50$	$20 \leqslant EI < 35$	$EI < 20$
状态	生态状况好	生态状况较好	生态状况中等	生态状况较差	生态状况差

1. 生态区自然生态系统构成综合分析

生态区地表生态系统类型多样,涉及 10 个级类(见图 5-23)。从生态系统构成(见图 5-24)来看,整个生态区分布面积最广的是林地,其次是耕地,二者相加面积达到了 7.27 万 km^2,占据了生态区将近八成的面积,集中分布在太行山、伏牛山及桐柏大别山等山脉,内部有多个自然保护区、森林公园等,自然生态系统以林地为主,生态本底值在整个河南省属于较好的区域。对不同类型的生态系统进行三个生态区之间的比较(见图 5-25)发现,太行山地生态区和桐柏大别山地生态区的林地面积占生态区总面积的 30% ,其余 70% 的林地分布在伏牛山地生态区,该区内主要有小秦岭、崤山、外方山、伏牛山和嵩山,分布有宝天曼国家级自然保护区、中国南阳伏牛山世界地质公园、南水北调水源区等众多受保护地,生物多样性服务功能突出。耕地生态系统在生态区内的 57% 的面积分布在伏牛山地生态区,主要位于该区的东部丘陵平原地带,其余30%分布在桐柏大别山地生态区,13%分布在太行山地生态区。

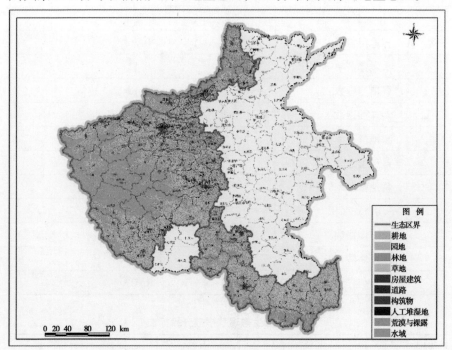

图 5-23　河南省生态区不同生态系统类型的分布

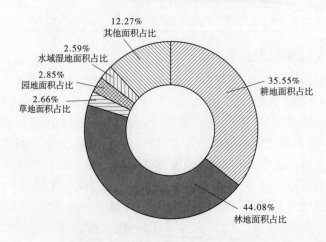

图 5-24　生态区自然生态系统构成分析

整个生态区园地面积共计 2 605.69 km²,占比较小,仅占生态区总面积的

2.85%,其中园地面积的61%分布在伏牛山地生态区,其余的33%和6%分别分布在桐柏大别山地生态区和太行山地生态区。生态区内分布的草地面积共计2 426.45 km²,占整个生态区面积的2.66%,草地面积的83%分布在桐柏大别山地生态区,其余13%和4%的草地分布在太行山地生态区和伏牛山地生态区内,伏牛山地生态区植被条件较好,植被以林地为主,而太行山地生态区和桐柏大别山地生态区自然条件与伏牛山地生态区相比相对较差,同时由于该区域存在水土流失等问题,植被分布中草地占比相对较高。水域在整个生态区中分布面积较少,共计2 366.77 km²,占整个生态区面积的2.59%,而其中54%的水域分布在伏牛山地生态区内,该区域分布有丹江口水库、鸭河水库、陆浑水库、故县水库、窄口水库等水库,同时分布有伊河、洛河、黄河、丹江、老灌河、白河等河流,它们占据较大面积,其余40%分布在桐柏大别山地生态区,该区域分布有铁佛寺水库、泼陂河水库、南湾水库、石山口水库、板桥水库、薄山水库、宋家场水库等水库,淮河及灌河、潢河、浉河等支流。仅有6%的水域分布在太行山地生态区。不同生态系统类型在区域中的比较见图5-25。

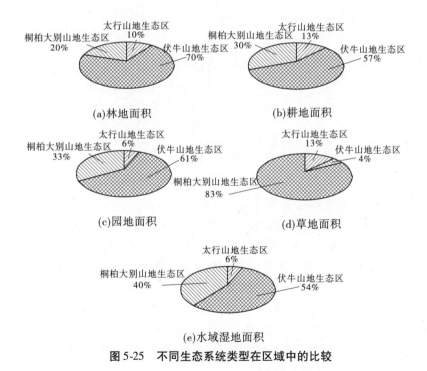

图5-25　不同生态系统类型在区域中的比较

分别对三个生态区生态系统类型的构成(见图 5-26)进行分析发现,与整个生态区的构成类似,三个生态区生态系统类型以林地和耕地为主。其中,伏牛山地生态区林地占比最高,该区林地覆盖率达到了 49.10%,其次为耕地,占到其面积的 32.32%;太行山地生态区生态系统类型中林地和耕地面积占比基本相同,分别占其面积的 39.32% 和 38.59%,林地略高,而桐柏大别山地生态区则表现为耕地占比最高,达到了 41.95%,其次是林地,达到了 34.18%。从整个生态区来看,由于伏牛山地生态区较其他两个生态区面积较大,林地和耕地的面积在整个生态区的占比最高,但是分别从三个生态区来看,与太行山地生态区和桐柏大别山地生态区相比,耕地面积在区域内的分布相对较低,农业生产活动较弱。草地、园地和水域生态系统类型在三个生态区中分布较少,虽然从水域和园地分布面积来看,伏牛山在整个生态区中占比较大,但是从单个生态区来看,桐柏大别山地生态区的园地和水域面积占比在三个生态区中都处于占比最高的位置。

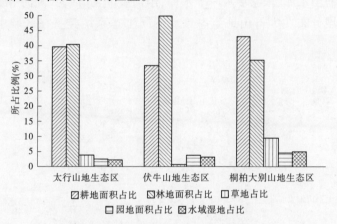

图 5-26 不同生态区生态系统类型构成

2.景观格局指数综合分析

景观格局通常是指景观的空间结构特征,具体是指由自然或人为形成的,一系列大小、形状各异,排列不同的景观镶嵌体在景观空间的排列,它即是景观异质性的具体表现,同时又是包括干扰在内的各种生态过程在不同尺度上作用的结果。空间斑块性是景观格局最普遍的形式,它表现在不同的尺度上。景观格局及其变化是自然的和人为的多种因素相互作用所产生的一定区域生态环境体系的综合反映,景观斑块的类型、形状、大小、数量和空间组合既是各种干扰因素相互作用的结果,又影响着该区域的生态过程和边缘效应。不同的景观类型在维护生物多样性、保护物种、完善整体结构和功能、促进景观结构自然演替等方面的作用是有差别的。同时,不同景观类型对外界干扰的抵抗能力也是不同的。因此,对某区域景观空间格局的研究,是揭示该区域生态状况及空间变异特征的有效手段。可以将研究区域不同生态结构划分为景观单元斑块,通过定量分析景观空间格局的特征指数,从宏观角度给出区域生态环境状况。

从之前景观格局指数分析来看,太行山地生态区、伏牛山地生态区、桐柏山地生态区表现出明显不同的景观格局特征。桐柏大别山地生态区具有斑块数量多、面积小,景观破碎度指数和多样性指数高,聚集度指数低,区域人类活动正改变着土地利用和景观格局,将自然和半自然景观转变成人工化管理的农田及工业化的城市区,区域耕地、林地、草地、水域等各景观优势度相当,整体上没有优势突出的景观类型。景观破碎化程度较高,景观的破碎化进一步破坏景观的完整性,破坏物种生态连续性及生境,影响种群大小及迁移散布速率,同时,景观的破碎化使景观面积缩小,减少了各景观要素的生态效应,影响其土壤保持、涵养水源、调节气候等生态功能的有效发挥。太行山地生态区斑块数量少,破碎度指数和聚集度指数相对桐柏大别山地生态区较低,区域内景观是由数量较少面积较大的林地、耕地等斑块组成,异质程度较低,景观完整性较好,林地、耕地等为优势景观,区域多样性指数较低,区域景观以人工或半自然的景观为主。伏牛山地生态区斑块数量较桐柏大别山地生态区少,多于太行山地生态区,具有较低的破碎度指数、聚集度指数、多样性指数,区域内景观以林地为主,异质程度低,景观完整性好,区域景观以自然景观为主。

将生态现状指数与各景观指数进行了综合比较,如图5-27所示,各景观指数之间的变化趋势存在差异,没有明显相似规律,且各个景观指数与生态现状指数之间没有显著的回归关系,但相关系数均超过单个指数在现状指数计算过程中的权重值,说明景观指数在生态现状的评估中还是具有重要意义的。但在利用景观格局指数进行生态现状评价的时候,可能更多地需要从指数本身的意义,综合各指数的分析结果,对生态系统的现状进行综合性的阐述。

3. 生态区生态现状综合指数分析

生态区内近八成面积处于生态状况较好及以上级别中,只有近6%的面积处于生态状况较差级别中,其中太行山地生态区及伏牛山地生态区皆七成面积处于生态状况较好及以上级别中,桐柏大别山地生态区八成以上面积处于生态状况较好及以上级别中。根据图5-28,生态区内71个县(区)中,46个县(区)处于生态状况较好及以上级别中,占生态区总面积的76.82%,14个

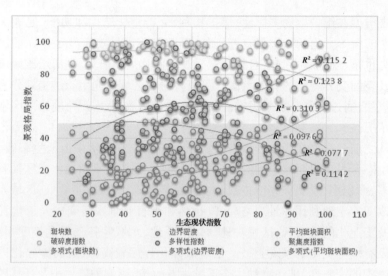

图 5-27　生态现状指数与各景观指数的关系

县(区)处于生态状况好级别中,占生态区总面积的 37.82%,生态区内太行山地生态区、伏牛山地生态区、桐柏大别山地生态区表现出不同的生态状况分布,其中太行山地生态区,在 16 个县(区)中,生态状况较好及以上的县(区)数为 10 个,占太行山地生态区面积的 74.95%,生态状况较差的县(区)数为 1 个,占太行山地生态区面积的 4.52%,没有生态状况差的县(区)。桐柏大别山地生态区,在 13 个县(区)中,生态状况及较好以上的县(区)数为 11 个,占桐柏大别山地生态区面积的 85.14%,没有生态状况较差及差的县(区)。伏牛山地生态区,在 42 个县(区)中,生态状况较好及以上的县(区)数为 25 个,占伏牛山地生态区面积的 73.71%,生态状况较差的县(区)数为 5 个,占伏牛山地生态区面积的 8.37%,没有生态状况差的县(区)。河南省生态区生态现状指数见图 5-29。

西部、南部山区、县(区)生态状况好于中东部平原县(区),伏牛山地生态区东南县(区)生态环境状况处于中等或较差级别,需更加重视生态环境保护。根据生态区生态状况分布图可以看出,从东向西,从北向南,各县(区)生态状况从中等到较好、到好,生态环境状况逐步变好,越往东,县(区)生态环境状况较西部县(区)就有所下降,少数县(区),生态环境状况处于较差状态,与生态压力状况分布基本相反,在西部生态状况较好或者好的县(区),生态压力也较小,而东部县(区)生态压力基本上处于较大或者大的级别中,生态状况评价结果也处于较好、中等等级别中,东部部分县(区)甚至未协调好保护环境与经济发展的关系,生态环境状况评价为较差级别。

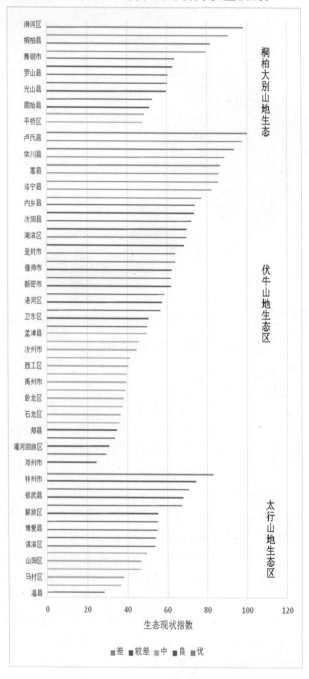

图 5-28　生态区生态现状指数比较

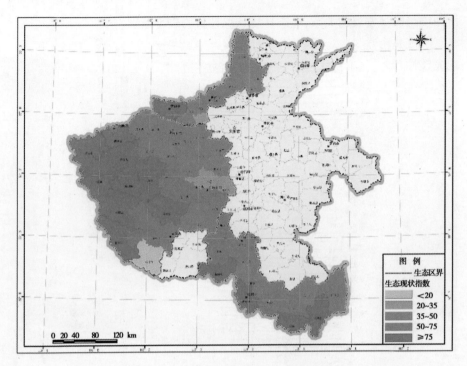

图 5-29 河南省生态区生态现状指数

5.5 小 结

    从耕地、林地、草地、园地及水域等生态系统类型的构成来看,整个生态区分布面积最广的是林地,其次是耕地,占据生态区将近80%的面积,二者相加面积达到了 72 732.15 km²,自然生态系统以林地为主,生态本底值在整个河南省属于较好的区域。整个生态区内七成林地、近六成的耕地、六成的园地、近六成的水域分布在伏牛山地生态区,该区内主要有小秦岭、崤山、外方山公园、南水北调水源区等众多受保护地及众多河流水域,生态服务功能突出。桐柏大别山地生态区分布着三成的耕地、三成的园地、四成的水域,且有八成多的草地。太行山地生态区分布着一成的耕地、半成多的园地、一成的草地、百分之六的水域。

    太行山地生态区、伏牛山地生态区、桐柏山地生态区表现出明显不同的景观格局特征。桐柏大别山地生态区景观破碎化程度较高,区域耕地、林地、草地、水域等各景观优势度相当,整体上没有优势突出的景观类型。太行山地生态区斑块数量少,破碎度指数和聚集度指数相对桐柏大别山地生态区较低,区域内景观是由数量较少面积较大的林地、耕地等斑块组成,异质程度较低,景观完整性较好,林地、耕地等为优势景观,区域多样性指数较低,区域景观以人工或半自然的景观为主。伏牛山地生态区具有较低的破碎度指数、聚集度指数、多样性指数,区域内景观以林地为主,异质程度低,景观完整性好,区域景观以自然景观为主。

整个生态区生态状况整体较好,近八成面积处于生态状况较好及以上级别中,只有近6%的面积处于生态状况较差级别中。对于区内三个生态区而言,太行山地生态区及伏牛山地生态区七成面积处于生态状况较好及以上级别中,桐柏大别山地生态区八成以上面积处于生态状况较好及以上级别中。各县(区)生态状况评级结果分布显示,西部南部山区县(区)生态状况好于中东部平原县(区),伏牛山地生态区东南县(区)生态环境状况处于中等或较差级别,需更加重视生态环境保护。

第6章 生态区生态响应综合分析

6.1 指标体系

完成受保护区域面积占比和城市绿地面积占比 2 个指标的统计与计算。生态区生态格局综合统计分析指标如表 6-1 所示。

表6-1 生态区生态格局综合统计分析指标

一级	二级	数据来源
生态响应	受保护区域面积占比	地理国情数据
	城市绿地面积占比	地理国情数据

6.1.1 受保护区域面积占比

指标含义:统计单元内自然保护区、风景名胜区、森林公园、湿地公园、地质公园、水源地保护区、封山育林地等受保护区域总面积占比。

计算方法:

$$受保护区域面积占比 = \frac{统计单元内受保护区域总面积}{统计单元的总面积}$$

6.1.2 城市绿地面积占比

指标含义:统计单元内绿化林地、绿化草地面积占比。

计算方法:

$$城市绿地面积占比 = \frac{统计单元内城市绿地总面积}{统计单元的总面积}$$

6.2 数据源

指标计算所用数据主要来源于地理国情数据。

6.3　研究方法

6.3.1　权重值确定

根据专家意见确定各层级指标相对重要性的分值,采用层次分析法(AHP)和变权法相结合确定各个评价指标的权重。

层级分析法:

构造判断矩阵。以 A 表示目标, u_i 、$u_j(i,j=1,2,\cdots,n)$ 表示因素。U_{ij} 表示 u_i 对 u_j 的相对重要性数值。并由 u_{ij} 组成 A–U 判断矩阵 $\boldsymbol{P}$。

$$\boldsymbol{P} = \begin{bmatrix} u_{11} & u_{12} & \cdots & u_{1n} \\ u_{21} & u_{22} & \cdots & u_{2n} \\ \vdots & \vdots & & \vdots \\ u_{n1} & u_{n2} & \cdots & u_{nn} \end{bmatrix}$$

根据各个评价指标相对于上一层评价的重要性确定其在评价中的比例,就是权重值。计算重要性排序。根据判断矩阵,求出其最大特征根 λ_{max} 所对应的特征向量 ω。方程如下:

$$\boldsymbol{P}\omega = \lambda_{max}\omega$$

所求特征向量 ω 经归一化,即为各评价因素的重要性排序,也就是权重分配。

一致性检验。以上得到的权重分配是否合理,还需要对判断矩阵进行一致性检验。检验使用公式:

$$CR = CI/RI$$

式中　　CR——判断矩阵的随机一致性比率, $CR = (\lambda_{max} - n)/(n-1)$;

　　　　CI——判断矩阵的一般一致性指标;

　　　　RI——判断矩阵的平均随机一致性指标。

$1\sim9$ 阶的判断矩阵的 RI 值见表6-2,Satty 标度见表6-3,当判断矩阵 $\boldsymbol{P}$ 的 $CR<0.1$ 时或 $\lambda_{max}=n$, $CI=0$ 时,认为 $\boldsymbol{P}$ 具有满意一致性,否则需调整 $\boldsymbol{P}$ 中的元素,以使其具有满意一致性。

表 6-2 平均随机一致性指标

N	1	2	3	4	5	6	7	8	9
RI	0	0	0.58	0.90	1.12	1.24	1.32	1.41	1.45

表 6-3 Satty 标度

标度	含义
1	表示两个因素相比,具有相同重要性
3	表示两个因素相比,前者比后者稍重要
5	表示两个因素相比,前者比后者明显重要
7	表示两个因素相比,前者比后者强烈重要
9	表示两个因素相比,前者比后者极端重要
2,4,6,8	表示上述相邻判断的中间值
倒数	若因素 i 与因素 j 的重要性之比为 a_{ij},那么因素 j 与因素 i 重要性之比 $a_{ji} = 1/a_{ij}$

通过层级分析法最终得到二级指标对一级指标的权重。

6.3.2 指数计算

首先考虑到各个具体指标数据单位不同、变化范围不同,并且这些指标对生态格局的影响程度不同,利用标准处理法、极值处理法、归一化处理法、加权平均法等数据处理方法对各个具体指标进行无量纲化,由此得出各个城市的具体指标得分。根据标准化之后的指标值和对应的权重值,计算得出生态响应指数值。

6.4 研究结果

6.4.1 生态响应主要表征指标统计分析

6.4.1.1 受保护区域面积占比

受保护区的设定,应有利于水源涵养、水土保持、水源保护、防风固沙、生物多样性保护等生态服务功能的恢复和提升。受保护区域面积占比指统计单元内自然保护区、风景名胜区、森林公园、湿地公园、地质公园、水源地保护区、封山育林地等受保护区域总面积占比。本书研究利用地理国情基本统计数据,计算各县(区)及生态区内受保护区域面积占比,统计结果如图 6-1 ~ 图 6-3 所示。

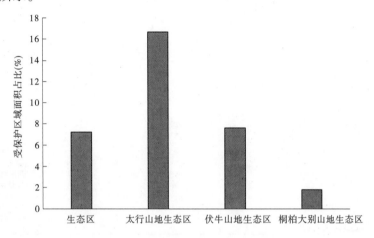

图 6-1 不同生态区受保护区域面积占比

生态区内受保护区面积为 7.18% ,受保护区主要分布在太行山地生态区及伏牛山地生态区,近七成面积的受保护区位于伏牛山地生态区。2015 年,生态区受保护区面积为 0.66 万 km²,占生态区国土面积的 7.18% ,其中太行山地生态区受保护区域面积占比为 16.69% ,受保护区类型包括自然保护区、文化遗迹、风景名胜区、森林公园、地质公园、湿地公园六类统计数据涵盖的全部类型,受保护区面积为 0.18 万 km²,占生态区受保护区总面积的 27.27% 。伏牛山地生态区受保护区域面积占比为 7.62% ,受保护区类型包括自然保护区、文化遗迹、风景名胜区、森林公园、地质公园、湿地公园六类统计数据涵盖的全部类型,受保护区面积为 0.43 万 km²,占生态区受保护区总面积的 65.15% 。桐柏大别山地生态区受保护区域面积占比为 1.85% ,受保护区类型中无文化遗迹,受保护区面积为 0.044 万 km²,占生态区受保护区总面积的 6.67% 。

生态区七成县(区)涉及受保护区,主要集中在太行山地生态区西部的济源市、修武县、吉利区、中站区,伏牛山地生态区西部的西峡县、淅川县、栾川

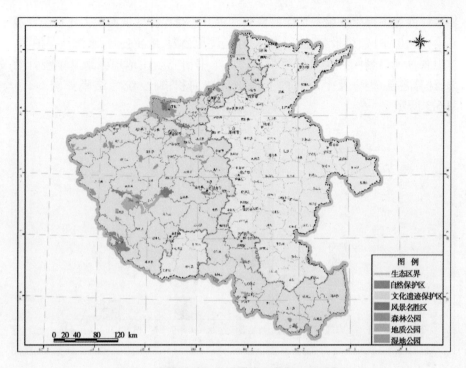

图 6-2　河南省不同生态区受保护地区空间分布

县,以及南部的鲁山县、南召县、内乡县等区域。六成面积的受保护区分布于太行山地生态区和伏牛山地生态区 11 个县(区)内。从区域分布上来看,在生态区 71 个县(区)中,有 51 个县(区)涉及不同类型的受保护区,占比达71.83%,对各县(区)受保护区面积占比进行排序,受保护区面积占比大于30% 的县(区)共 3 个,有太行山地生态区的济源及伏牛山地生态区的洛龙区、湛河区,其受保护区面积为 0.14 万 km^2,占整个生态区受保护区总面积的21.21%。受保护区面积占比在 20% ~30% 的县(区)共 8 个,有太行山地生态的吉利区、修武县及伏牛山地生态区的偃师市、孟津县、西峡县、淅川县、登封市、新安县,其受保护区面积为 0.26 万 km^2,占整个生态区受保护区总面积的39.39%。受保护区面积占比在 10% ~20% 的县(区)共 6 个,分别是太行山地生态区的中站区、林州市,伏牛山地生态区的湖滨区、鲁山县、灵宝市、南召县,其受保护区面积为 0.13 万 km^2,占生态区受保护区总面积的19.70%。受保护区面积占比小于10% 的县(区)共 54 个,其受保护区面积为0.13 万 km^2,占生态区受保护区总面积的 19.70%。

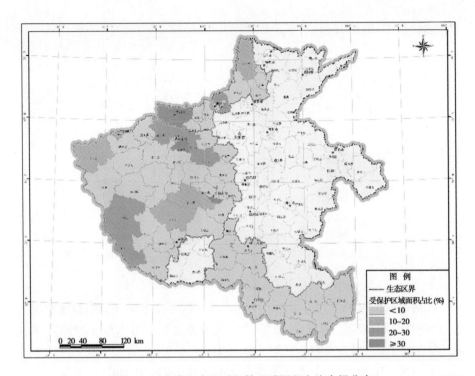

图例

——— 生态区界

受保护区域面积占比 (%)

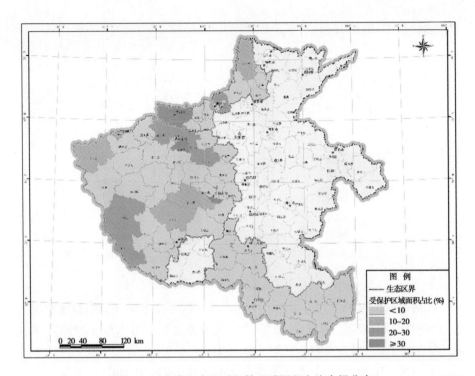
- < 10
- 10~20
- 20~30
- ≥ 30

0 20 40   80   120 km

图6-3　河南省生态区受保护区域面积占比空间分布

6.4.1.2　城市绿地面积占比

生态绿地系统是人居环境中发挥生态平衡功能、与人类生活密切相关的绿色空间,是城市生态平衡的调控者。城市绿化能够提高城市自然生态质量,有利于环境保护;提高城市生活质量,调试环境心理;增加城市地景的美学效果;增加城市经济效益;有利于城市防灾;净化空气污染。虽然城市绿地面积在整个国土面积中通常所占比例不高,但是城市绿地在维护城市生态系统生态健康方面发挥着重要作用,与人类的生活息息相关。城市绿地面积占比指统计单元内绿化林地、绿化草地面积占国土总面积的比值,本书研究利用河南省地理国情基本统计数据,分析了各个县(区)及生态区内的城市绿地面积占比,统计结果如图6-4所示。

从整个生态区来看,城市绿地面积占比总体较小,三个生态区相比,太行山地生态区城市绿地面积占比较高,其次是伏牛山地生态区,桐柏大别山地生态区最低。整个生态区城市绿地占国土总面积的0.18%,太行山地生态区城市绿地面积占比为0.29%,在三个生态区中占比最高,伏牛山地生态区城市绿地面积占比为0.18%,桐柏大别山地生态区在三个生态区中城市生态绿地面积占比最小,为 0.12%。

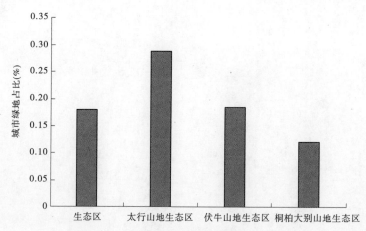

图6-4　不同生态区城市绿地面积占比

区域内城市绿地主要集中在城市的市辖区内。从生态区城市绿地面积占比分布图(见图6-5)上可以看出,区域内城市绿地面积分布较多的地方多为城市聚集度高,人口分布较为集中的市辖或县域内,主要集中在区域的东部和北部。整个生态区21个市辖区城市绿地面积为 75.64 km²,占整个生态区绿地面积的 45.78%。其中太行山地生态区城市绿地面积占比较高的区域主要位于焦作市域的山阳区、解放区、中站区、马村区,洛阳市域的吉利区及鹤壁市域的淇滨区,城市绿地占比在 0.74% ~ 3.51%,城市绿地面积为 14.37 km²,占太行山地生态区绿地面积的 46.67%。伏牛山地生态区城市绿地面积占比较高的区域主要位于洛阳市域的涧西区、瀍河回族区、老城区、洛龙区和西工区,平顶山市域的新华区、卫东区、湛河区和石龙区,三门峡市域的湖滨区和义马市,以及郑州市域的新密市,城市绿地占比在 0.54% ~ 4.59%,城市绿地面积为 43.33 km²,占伏牛山地生态区绿地总面积的 41.23%。桐柏大别山地生态区城市绿地面积占比较高的区域主要位于驻马店的驿城区,面积占比达到 0.57%,其次是信阳市域的平桥区和浉河区及平顶山市域的舞钢市,城市绿地面积占比在 0.20% 以上,其他区域均在 0.10% 以下。

6.4.2　生态响应综合统计分析

6.4.2.1　生态响应相关指标权重值计算

利用层级分析法(AHP),构建层次结构模型,根据专家打分法构建出生态压力不同相关指标的判断矩阵,然后利用 yaahp 软件计算得出生态响应各

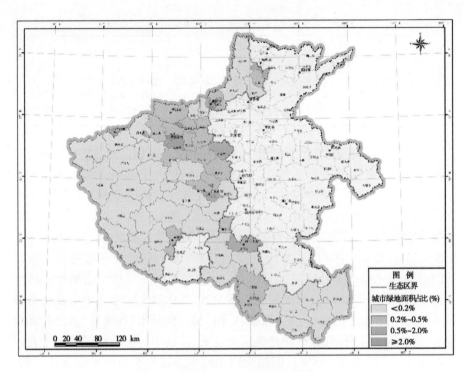

图 6-5   河南省生态区城市绿地面积占比

相关指标的相对权重值,如表 6-4 所示。

表 6-4   生态响应指标权重值

指标名称	权重值
受保护区域面积占比	0.75
城市绿地面积占比	0.25

6.4.2.2   生态响应综合指数

　　将生态响应相关的 2 个指标数据通过离差标准化的方法进行归一化处理,然后根据不同指标的权重值计算生态响应综合指数,为了更好地比较生态区域内生态响应的差异化,将计算所得的生态现状综合指数再次进行归一化处理,将数值范围标准化的 0～100,然后分 5 级(优、良、中等、较差和差)进行评估,评级标准如表 6-5 所示。

表 6-5　生态响应指数分级标准

级别	优	良	中等	较差	差
指数	$EI \geq 75$	$50 \leq EI < 75$	$35 \leq EI < 50$	$20 \leq EI < 35$	$EI < 20$
状态	生态保护强	生态保护较强	生态保护中等	生态保护较弱	生态保护弱

　　生态区生态响应整体水平较低。对以城市绿地面积占比及受保护地面积占比两方面来衡量,整个生态区 71 个县(区)中,图 6-6 中,生态响应水平较差水平及以下的县(区)有 59 个,占比 83.10%,其中生态响应级别属于差的县(区)有 52 个,表明生态区几乎八成以上的县(区)生态响应水平亟须提高。太行山地生态区中生态响应最好的是济源市,其次是吉利区,生态响应水平中等水平的县(区)为中站区和修武县,其余 12 个县(区)均处于较差水平及以下,生态响应水平较差及以下的县(区)占比在 75.00%。伏牛山地生态区生态响应水平良好的县(区)为湛河区和洛龙区,其中洛龙区生态响应指数分级水平为优,中等水平的县(区)为新安县、淅川县、登封市、西峡县、孟津县和偃师市,其余 34 县(区)均位于较差级别及以下,区域中生态响应较差水平及以下的县(区)占比为 80.95%。桐柏大别山地生态区生态响应水平整体较低,均处于差的级别,较差水平以下的县(区)占比在 100%。

　　生态响应水平较高的区域主要位于伏牛山地生态区西部和北部及太行山地生态区的济源市和吉利区,见图 6-7。整个生态区生态响应水平为优的县(区)包括 2 个,分别是伏牛山地生态区中的洛龙区和太行山地生态区的济源市。其中,洛龙区的绿地面积和受保护地面积占比分别为 3.19% 和 36.92%,济源市的绿地面积和受保护地面积占比分别为 0.24% 和 61.20%。洛龙区生态响应水平较高主要来源于城市生态绿地建设及受保护地的划定,而济源市生态响应水平较高主要源于生态受保护地面积具有较大占比,该区域拥有南山森林公园($193 \ km^2$)、王屋山国家级风景名胜区($272 \ km^2$)、王屋山—黛眉山世界地质公园($986 \ km^2$)及部分黄河湿地国家级自然保护区。生态响应水平为良好的县(区)有 2 个,分别是伏牛山地生态区的湛河区和太行山地生态区的吉利区。其中,湛河区绿地面积和受保护地面积占比分别为 0.90% 和 36%,吉利区绿地面积和受保护地面积占比分别为 3.36% 和 28.72%。湛河区的受保护地面积占比相对较高,受保护地主要为平顶山白龟山湿地省级自然保护区和平顶山白龟湖国家湿地公园,总面积达到 $66 \ km^2$;吉利区城市绿地建设水平相对较高,同时区域中包含 $22 \ km^2$ 的黄河湿地国家级自然保护区。

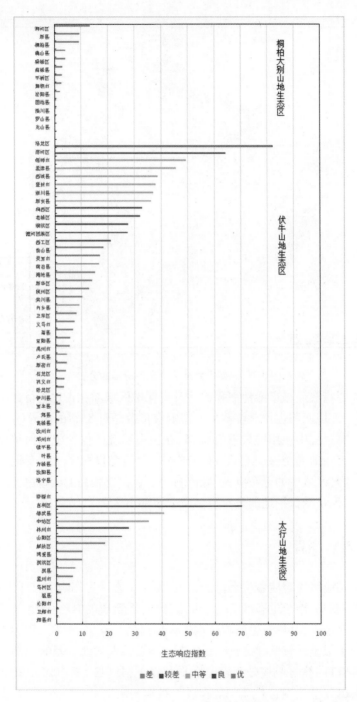

图6-6　生态区生态响应指数对比

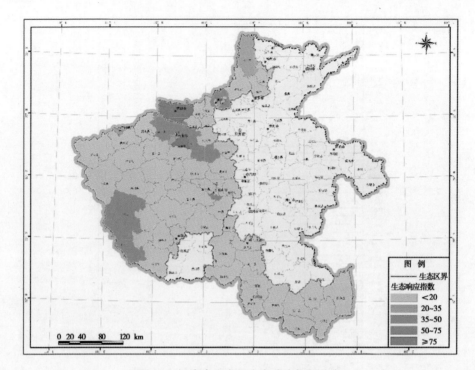

图 6-7　河南省生态区生态响应指数分布

将生态响应指数与城市绿地面积占比及受保护区域面积占比进行回归分析发现,受保护区域面积占比能够解释生态响应指数超过85%的变异(见图6-8),超过了计算过程中使用的权重值0.75,在生态系统的保护中受保护地作用突出。从城市绿地和受保护地的数值分布来看,两个指标之间的变化趋势没有相关性,这与区域中的分布有关,城市绿地面积占比较高的区域主要位于城市的辖区内,但是受保护地的分布更多位于西部山区。

6.5　小　结

生态响应级别对应着生态保护力度,整个生态区生态响应整体水平较低,生态保护较弱。整个生态区71个县(区)中,近八成的县(区)生态响应评级结果为较差水平及以下,生态响应水平亟须提高。其中,桐柏大别山地生态区生态响应水平整体较低,区内所有县(区)评级结果均处于差的级别。太行山地12个县(区)生态响应处于较差水平及以下,县(区)数占比为75.00%,其余4个县(区)生态响应位于中等及以上级别。伏牛山地生态区34县(区)生

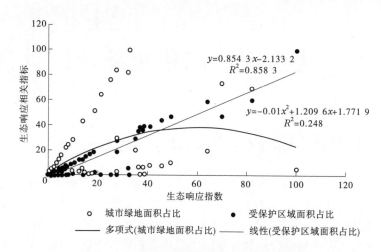

图 6-8　生态响应指数和各相关指标的关系

态响应评级位于较差级别及以下,县(区)数占比为80.95%。

　　整个生态区生态响应水平较高的区域主要位于伏牛山地生态区西部和北部,以及太行山地生态区的济源市和吉利区。其中,生态响应水平最高的两个区为洛龙区和济源市。洛龙区生态响应水平较高主要来源于城市生态绿地建设,以及受保护地的划定,而济源市生态响应水平较高主要源于生态受保护地面积具有较大占比,该区域拥有南山森林公园(193 km²)、王屋山国家级风景名胜区(272 km²)、王屋山—黛眉山世界地质公园(986 km²)及部分黄河湿地国家级自然保护区。

第7章　生态区生态格局综合统计分析

7.1　生态格局综合指数的计算与分级

结合生态压力、生态状况及生态保护等方面的得分,采取加权平均法对生态格局进行综合评估。由于生态现状和生态响应对生态格局的变化呈现正效应,而生态压力对于生态格局的变化显现负效应,因此在该章节的计算和指数表征中参与生态格局综合指数计算的生态压力指数为100与前面第4章第二节的生态压力指数的差值,即生态压力指数越高,区域所承受的生态压力越小。计算公式为

$$P_j S_j R_j = 1/3 \sum_{i=1}^{3} EI_i$$

式中　EI_i ($i = 1 \sim 3$)——生态压力、生态状况和生态保护的得分值;

　　　P——生态压力;

　　　S——生态状态;

　　　R——生态响应;

　　　j——分级级别(优:5,良:4,中等:3,较差:2,差:1).

生态格局指数分为五级,即优、良、中等、较差和差,具体划分情况如表7-1所示,为了更好地区别不同县(区)之间生态格局指数的差别,对最后得出的生态格局指数重新进行归一化之后,分数变成0~100进行比较。

表7-1　生态格局指数分级标准

级别	优(5)	良(4)	中等(3)	较差(2)	差(1)
指数	$EI \geq 75$	$50 \leq EI < 75$	$35 \leq EI < 50$	$20 \leq EI < 35$	$EI < 20$
状态	生态压力小,生态状况好,生态保护强,格局发展能力强	生态压力较小,生态状况较好,生态保护较强,格局发展能力较强	生态压力中等,生态状况中等,生态保护中等,格局发展能力中等	生态压力较大,生态状况较差,生态保护较弱,格局发展能力较差	生态压力大,生态状况差,生态保护弱,格局发展能力差

7.2 生态区不同级别生态格局综合指数的组成分析

生态区生态格局良好级别以上的县(区)共计28个(见表7-2),占整个生态区县(区)数量的39.44%,28个县(区)中有5个分布于太行山地生态区,4个分布在桐柏大别山地生态区,其余19个均分布在伏牛山地生态区。太行、桐柏大别山及伏牛山地生态区生态格局分级为优良的县(区)比例分别为31.25%、30.77%和45.24%,三个生态区生态格局优良级别的县(区)超过了1/3,其中以伏牛山地生态区生态状况最佳,接近一半的县(区)目前生态格局良好。从生态格局指数的构成表征分级上看出,生态压力、现状和响应的构成基本相似,除太行山地生态区的济源市属于生态压力小、生态现状好同时生态响应也好外,整个生态区生态格局良好的区域更多地源于较小的生态压力及较好的生态现状,整个生态区的生态响应指数都相对较低。

生态区中生态格局指数级别在中等级别的县(区)共计11个(见表7-3),占整个生态区范围内71个县(区)的15.49%,其中太行山地生态区分布1个,辉县市生态格局中生态压力和生态响应都处于良好级别,只有生态响应处于差一级的水平;伏牛山地生态区分布有5个县(区),主要为孟津县、巩义市、新密市和宜阳县,这几个县(区)生态压力较小,生态现状除孟津县处于中等水平外,其他县(区)都处于良好水平,但是生态响应除孟津县处于较差级别,其他县(区)均处于差的等级。桐柏大别山地生态区分布有5个县(区),分别为罗山县、泌阳县、舞钢市、光山县和确山县,这几个县(区)生态格局指数构成中生态压力和生态现状指数均处于良好级别,生态响应处于最差的级别。在这些生态格局处于中等水平的区域,在维持现有压力和现状的情况下,有效地提高生态响应水平,将会对生态格局水平的提升起到重要的作用。

表 7-2　生态格局良好以上等级区域

生态区	县(区)	生态压力指数	生态现状指数	生态响应指数	生态格局综合指数	表征
太行山地生态区	济源市	75.88	82.97	76.29	100.00	$P_5S_5R_5$
	林州市	69.00	74.32	21.04	61.52	$P_4S_4R_2$
	修武县	61.82	68.04	31.15	59.69	$P_4S_4R_2$
	吉利区	44.43	54.07	53.52	54.81	$P_3S_4R_4$
	中站区	54.41	70.73	26.73	54.73	$P_4S_4R_2$

生态区	县（区）	生态压力指数	生态现状指数	生态响应指数	生态格局综合指数	表征
伏牛山地生态区	西峡县	98.22	93.58	29.45	92.45	$P_5S_5R_2$
	灵宝市	89.39	100.00	12.98	82.18	$P_5S_5R_1$
	卢氏县	97.48	97.49	3.29	79.94	$P_5S_5R_1$
	栾川县	100.00	88.76	7.77	79.00	$P_5S_5R_1$
	南召县	92.54	85.48	12.64	75.82	$P_5S_5R_1$
	淅川县	82.84	77.24	28.14	74.49	$P_5S_5R_2$
	嵩县	90.11	85.77	5.05	70.52	$P_5S_5R_1$
	陕州区	82.71	86.62	9.85	69.57	$P_5S_5R_1$
	洛宁县	86.20	82.23	0.02	63.74	$P_5S_5R_1$
	新安县	66.70	68.53	27.67	60.72	$P_5S_5R_1$
	鲁山县	78.34	69.94	13.99	60.38	$P_5S_4R_1$
	内乡县	80.08	74.03	6.91	59.70	$P_5S_4R_1$
	渑池县	73.33	73.54	11.51	58.27	$P_4S_4R_1$
	登封市	63.06	64.04	28.86	56.95	$P_4S_4R_2$
	洛龙区	34.57	58.49	62.63	56.80	$P_2S_4R_4$
	湛河区	45.79	57.43	48.99	54.91	$P_3S_4R_3$
	偃师市	49.97	62.36	37.65	53.70	$P_3S_4R_3$
	汝阳县	77.10	72.28	0.21	53.49	$P_5S_5R_1$
	湖滨区	58.55	69.74	21.04	53.35	$P_4S_4R_2$
桐柏大别山地生态区	浉河区	89.97	98.05	10.32	79.99	$P_5S_5R_1$
	新县	91.09	90.43	7.32	74.83	$P_5S_5R_1$
	桐柏县	79.56	81.59	7.09	63.63	$P_5S_5R_1$
	商城县	79.45	79.52	2.21	59.79	$P_5S_5R_1$

表 7-3　生态格局中等等级区域

生态区	县(区)	生态压力指数	生态现状指数	生态响应指数	生态格局综合指数	表征
太行山地生态区	辉县市	62.23	67.24	0.36	42.75	$P_4S_4R_1$
伏牛山地生态区	孟津县	51.23	49.69	34.74	45.92	$P_4S_3R_2$
	巩义市	59.74	64.01	2.51	40.80	$P_4S_4R_1$
	新密市	59.36	61.92	3.25	39.87	$P_4S_4R_1$
	宜阳县	62.45	56.60	4.27	39.20	$P_4S_4R_1$
桐柏大别山地生态区	罗山县	69.42	60.59	0.21	42.96	$P_4S_4R_1$
	泌阳县	64.13	62.90	1.54	42.06	$P_4S_4R_1$
	舞钢市	61.79	63.78	1.92	41.47	$P_4S_4R_1$
	光山县	63.23	59.81	0.14	39.13	$P_4S_4R_1$
	确山县	58.70	60.27	3.17	38.57	$P_4S_4R_1$

　　通过对生态区域内 71 个县(区)进行统一的比较,目前,该区域中仍然有 32 个县(区)处于生态格局较差水平以下(见表 7-4),占比为 45.07%。其中,太行山地生态区分布有 10 个县(区),区域占比达到 62.5%,且 10 个县(区)中有一半的县(区)目前生态格局指数分级水平在最差的等级,生态格局指数构成中生态压力多数处于中等水平以上,承受较大的生态压力,同时生态响应水平均处于最差级别,虽然目前区域内有些县(区)如淇县、淇滨区、博爱县等的生态现状指数在良好的级别,但是未来若不有效开展生态保护,在现有生态压力的情况下,生态状况将会日趋恶化。伏牛山地生态区生态格局较差及以下水平的县(区)分布有 18 个,其中最差级别的分布有 13 个县(区),在区域共计 42 个县(区)中占比达到 42.86%,占整个生态区生态格局较差级别县(区)23 个的 78.26%,该区域涵盖了伏牛山地生态区中平顶山及洛阳市辖区的大部分,这些区域的特点相对较为相似,主要表现为生态压力较大,生态现状基本处于中等水平以下,同时生态响应水平较低。桐柏大别山地生态区平桥区、潢川县、固始县和驿城区 4 个县(区),这四个县(区)均属于较差等级,但是从指数构成来看,目前生态现状基本良好,生态压力也处于较低水平,在该区域如果能够及时地进行生态保护,生态格局状况有望得到良好改善。

表 7-4　生态格局较差以下等级区域

生态区	县（区）	生态压力指数	生态现状指数	生态响应指数	生态格局综合指数	表征
太行山地生态区	淇县	52.62	54.93	5.48	33.62	$P_4S_4R_1$
	淇滨区	47.11	53.65	7.48	31.01	$P_3S_4R_1$
	博爱县	42.42	54.87	7.62	29.19	$P_3S_4R_1$
	卫辉市	50.01	46.42	0.68	24.96	$P_4S_3R_1$
	沁阳市	39.89	49.45	1.08	21.32	$P_3S_3R_1$
	解放区	19.08	55.22	14.23	20.29	$P_1S_4R_1$
	山阳区	16.23	46.81	19.11	16.82	$P_1S_3R_1$
	孟州市	36.45	36.55	4.78	14.46	$P_3S_3R_1$
	马村区	22.32	38.00	4.00	7.13	$P_2S_3R_1$
	温县	26.99	28.47	1.28	3.01	$P_2S_2R_1$
伏牛山地生态区	义马市	44.78	61.94	5.48	33.17	$P_3S_4R_1$
	方城县	62.00	45.71	0.27	30.86	$P_4S_3R_1$
	镇平县	53.89	50.03	0.45	28.91	$P_4S_4R_1$
	汝州市	49.85	44.44	0.60	23.75	$P_3S_3R_1$
	禹州市	46.33	39.38	4.12	21.00	$P_3S_3R_1$
	伊川县	43.29	39.54	1.40	17.96	$P_3S_3R_1$
	涧西区	17.85	41.33	25.00	17.93	$P_1S_3R_2$
	叶县	45.27	35.99	0.44	16.58	$P_3S_3R_1$
	卫东区	22.76	50.48	6.07	15.28	$P_2S_4R_1$
	郏县	42.34	34.58	1.10	14.58	$P_3S_2R_1$
	宝丰县	40.71	33.73	1.27	13.33	$P_3S_2R_1$
	老城区	8.62	37.67	24.50	10.65	$P_1S_3R_2$
	襄城县	35.00	29.29	0.94	7.62	$P_3S_2R_1$
	石龙区	25.38	36.50	2.93	7.40	$P_2S_3R_1$
	新华区	13.28	39.05	10.72	6.44	$P_1S_3R_1$
	西工区	6.53	40.32	16.11	6.40	$P_1S_3R_1$
	邓州市	37.59	24.42	0.48	6.14	$P_3S_2R_1$
	瀍河回族区	0.00	30.70	20.97	0.26	$P_1S_2R_2$
	卧龙区	10.88	37.91	2.40	0.00	$P_1S_3R_1$
桐柏大别山地生态区	平桥区	58.08	47.80	2.07	30.85	$P_4S_3R_1$
	潢川县	56.04	48.72	0.35	29.31	$P_4S_3R_1$
	固始县	52.64	51.39	0.45	28.97	$P_4S_4R_1$
	驿城区	47.28	52.67	3.09	28.18	$P_3S_4R_1$

将生态格局综合指数分别与生态压力、现状、响应指数进行回归分析(见图 7-1)发现,生态格局综合指数与生态压力及生态响应指数均具有显著的回归关系,相关系数分别达到了 0.79 和 0.89,随着生态压力指数和生态现状指数的增长,生态格局综合指数呈增长趋势,即生态压力越小、生态现状越好的区域生态格局综合指数越高,该区域生态状况越好。从生态格局综合指数和生态响应指数之间的变化关系可以看出,区域中生态响应整体水平较低,随着生态响应指数的升高,生态格局综合指数呈现增加趋势,但与生态压力和生态响应指数相比,生态格局状况的优劣中生态响应起到的作用较小。

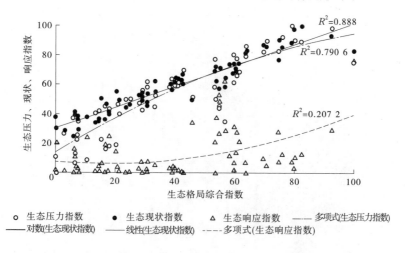

图 7-1   生态格局综合指数与生态压力、现状和响应指数的关系

7.3   生态区不同级别生态格局综合指数的分布情况

从整个生态区生态格局综合指数的分布规律可以看出,生态格局西部山区整体状况较好,东部丘陵平原地带尤其市辖区大部分生态格局状况较差。生态区总体面积中,生态格局水平较差以下的面积为 27 909.28 km²,占比为 30.56%,中等水平的面积为 14 581.28 km²,占比为 15.96%,生态格局良好水平以上的区域面积为 488 436.58 km²,占比为 53.48%,总体表现为两头高、中间低的规律,即生态区中生态良好和较差占据着大部分国土面积。生态格局综合指数的分布规律、生态压力指数及生态现状指数的分布规律存在一致性,西部山区自然生态系统本底值较好,尤其林地生态系统占比较高。同时,该区域生态压力相对较低,同时在该区域分布有多个自然保护区,保护力度较大,

因此生态格局状况整体较好。而东部丘陵平原地带,人为干扰活动较为强烈,耕地面积分布较广,农业生产活动给自然生态系统带来较大扰动,而对于城市辖区,社会经济发展迅速,人口增长、城镇化发展都给区域带来了过高的生态压力,在整体生态响应水平不高的情况下,很容易造成生态状况的恶化。未来,整个生态区的生态保护都有待加强,尤其对于目前生态状况中等及以下水平的区域,应该加强生态系统的改善,因为随着社会经济的发展,生态压力将日趋严峻,如果不采取有力措施,生态状况很难得到有效提升。河南省生态区生态格局综合指数见图7-2。

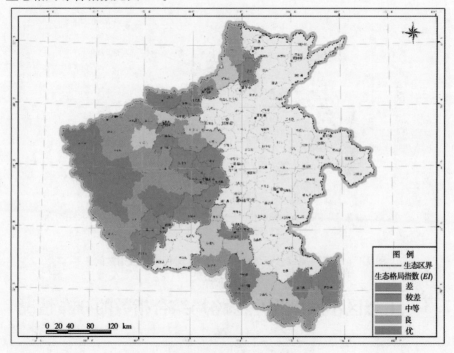

图7-2 河南省生态区生态格局综合指数

7.4 结 论

整个生态区71个县(区)中,28个县(区)生态格局评价结果为良好级别及以上,占整个生态区县(区)数量的39.44%;32个县(区)处于生态格局较差水平以下,占比超过1/3。其中,太行山地生态区分布有10个县(区),伏牛山地生态区分布有18个县(区),桐柏大别山地生态区分布有4个县(区)。

太行山地生态区和伏牛山地生态区生态格局较差的县(区)承受着较大的生态压力,而生态响应水平处于最差级别,虽然目前生态现状指数还处在较好级别,但是未来若不有效开展生态保护,在现有生态压力的情况下,生态状况将会日趋恶化。而桐柏大别山地生态区平桥区、潢川县、固始县和驿城区4个县(区),目前生态现状基本良好,生态压力也处于较低水平,在该区域如果能够及时地进行生态保护,生态格局状况有望得到良好改善。生态区中生态格局指数级别在中等级别的县(区)共计11个,这些县(区)普遍生态响应级别较低,在这些生态格局处于中等水平的区域,在维持现有压力和现状的情况下,有效地提高生态响应水平,将会对生态格局水平的提升起到重要的作用。

从整个生态区生态格局综合指数的分布规律可以看出,生态格局西部山区整体状况较好,东部丘陵平原地带尤其市辖区大部分生态格局状况较差。生态区总体面积中,总体表现为两头高中间低的规律,即生态区中生态良好和较差占据着大部分国土面积,生态格局良好水平以上的区域面积为488 436.58 km^2,占比为53.48%,生态格局水平较差以下级别,为27 909.28 km^2,占比为30.56%,中等水平的面积为14 581.28 km^2,占比为15.96%。

第8章 典型区生态格局综合分析

8.1 指标体系

以南水北调中线工程源头国家级生态功能保护区(河南部分)与河南省淮河源国家级生态功能保护区为典型区域,开展生态系统格局与质量综合统计分析。

8.1.1 生态系统格局

生态系统构成是指不同区域森林、草地、湿地、农田、城镇、裸地等生态系统的面积和比例。生态系统景观格局是指各种生态系统类型空间分布,即不同生态系统在空间上的配置。根据评价内容,构建了生态系统格局评价指标体系,如表8-1所示。

表8-1 生态系统格局评价指标体系

评价内容		评价指标
生态系统格局	生态系统构成	生态系统面积
		生态系统构成比例
	生态系统构成变化	类型面积变化率
	生态系统景观格局特征及其变化	斑块数(NP)
		平均斑块面积(MPS)
		类斑块平均面积(MPST)
	生态系统类型转换特征	生态系统类型变化方向
		综合生态系统动态度
		类型相互转化强度

8.1.1.1 生态系统面积

指标含义:土地覆被分类系统中,各类生态系统面积统计值(km^2)。

8.1.1.2　生态系统构成比例

指标含义:土地覆被分类系统中,基于一级分类的各类生态系统面积比例。

计算公式:

$$P_{ij} = \frac{S_{ij}}{TS}$$

式中　P_{ij}——土地覆被分类系统中基于一级分类的第 i 类生态系统在第 j 年的面积比例;

　　　S_{ij}——土地覆被分类系统中基于一级分类的第 i 类生态系统在第 j 年的面积;

　　　TS——评价区域总面积。

8.1.1.3　生态系统类型面积变化率

指标含义:研究区一定时间范围内某种生态系统类型的数量变化情况。目的在于分析每一类生态系统在研究时期内面积变化量。

计算公式:

$$E_V = \frac{EU_b - EU_a}{EU_a} \times 100\%$$

式中　E_V——研究时段内某一生态系统类型的变化率;

　　　EU_a/EU_b——研究期初及研究期末某一种生态系统类型的数量(可以是面积或斑块数等)。

8.1.1.4　斑块数(Number of Patches)

指标含义:评价范围内斑块的数量。该指标用来衡量目标景观的复杂程度,斑块数量越多,说明景观构成越复杂。

计算方法:应用 GIS 技术及景观结构分析软件 FRAGSTATS3.3 分析斑块数 NP。

8.1.1.5　平均斑块面积(Mean Patch Size)

指标含义:评价范围内平均斑块面积。该指标可以用于衡量景观总体完整性和破碎化程度,平均斑块面积大,说明景观较完整,破碎化程度较低。

计算方法:应用 GIS 技术及景观结构分析软件 FRAGSTATS3.3 分析平均斑块面积 MPS。

8.1.1.6　类斑块平均面积

指标含义:景观中某类景观要素斑块面积的算术平均值,反映该类景观要素斑块规模的平均水平。平均面积最大的类可以说明景观的主要特征,每一类的平均面积则说明该类在景观中的完整性。

计算公式:

$$\overline{A}_i = \frac{1}{N_i} \sum_{j=1}^{N_i} A_{ij}$$

式中　N_i——第 i 类景观要素的斑块总数;

　　　A_{ij}——第 i 类景观要素第 j 个斑块的面积。

8.1.1.7　生态系统类型变化方向

指标含义:借助生态系统类型转移矩阵全面、具体地分析区域生态系统变化的结构特征与各类型变化的方向。转移矩阵的意义在于它不但可以反映研究期初、研究期末的土地利用类型结构,而且还可以反映研究时段内各土地利用类型的转移变化情况,便于了解研究期初各类型土地的流失去向及研究期末各土地利用类型的来源与构成。

计算方法:

在对生态系统类型转移矩阵计算的基础上,还可以计算生态系统类型转移比例。计算公式:

$$\begin{cases} A_{ij} = a_{ij} \times 100 \Big/ \sum_{j=1}^{n} a_{ij} \\ B_{ij} = a_{ij} \times 100 \Big/ \sum_{i=1}^{n} a_{ij} \\ \text{变化率}(\%) = \Big(\sum_{i=1}^{n} a_{ij} \Big) \Big/ \sum_{j=1}^{n} a_{ij} \end{cases}$$

式中　i——研究初期生态系统类型;

　　　j——研究末期生态系统类型;

　　　a_{ij}——生态系统类型的面积;

　　　A_{ij}——研究初期第 i 种生态系统类型转变为研究末期第 j 种生态系统
　　　　　　类型的比例;

　　　B_{ij}——研究末期第 j 种生态系统类型中由研究初期的第 i 种生态系统
　　　　　　类型转变而来的比例。

8.1.1.8　生态系统综合变化率

指标含义:定量描述生态系统的变化速度。生态系统综合变化率综合考虑了研究时段内生态系统类型间的转移,着眼于变化的过程而非变化结果,反映研究区生态系统类型变化的剧烈程度,便于在不同空间尺度上找出生态系统类型变化的热点区域。

计算公式：

$$EC = \frac{\sum_{i=1}^{n} \Delta ECO_{i-j}}{\sum_{i=1}^{n} ECO_i} \times 100\%$$

式中　ECO_i——监测起始时间第 i 类生态系统类型面积,根据全国生态系统
　　　　　　类型图矢量数据在 ArcGIS 平台下进行统计获取；

　　　ΔECO_{i-j}——监测时段内第 i 类生态系统类型转为非 i 类生态系统类
　　　　　　型面积的绝对值,根据生态系统转移矩阵模型获取。

8.1.1.9　类型相互转化强度

指标含义:反映土地覆被类型在特定时间内变化的总体趋势。

计算方法:定义土地覆被转类指数(Land Cover Chang Index),即

$$LCCI_{ij} = \frac{\sum [A_{ij} \times (D_a - D_b)]}{A_{ij}} \times 100\%$$

式中　$LCCI_{ij}$——某研究区土地覆被转类指数,研究区总体上土壤覆被类型变
　　　　　　化,正值表示此研究区总体上土地覆被类型转好,负值表示
　　　　　　此研究区总体上土地覆被类型转差；

　　　i——研究区；

　　　j——土地覆被类型,$j = 1,2,\cdots,n$；

　　　A_{ij}——某研究区土地覆被一次转类的面积；

　　　D_a——转类前级别；

　　　D_b——转类后级别。

8.1.2　生态系统质量

生态系统质量主要表征生态系统自然植被的优劣程度,反映生态系统内
植被与生态系统整体状况。以长时间序列遥感数据为基础,评估生态系统的
叶面积指数、植被覆盖度、净初级生产力等的变化状况及其空间格局变化,明
确生态系统质量 10 年变化趋势与特征。生态系统质量评估主要针对森林、灌
丛、农田、湿地等生态系统质量进行时空动态变化监测,评估包括叶面积指数、
净初级生产力的年均值及变异系数等指标(见表 8-2)。

表 8-2　典型区生态系统质量及变化评价指标

生态系统质量	森林生态系统	年均叶面积指数
		叶面积指数年变异系数
		叶面积指数年均变异系数
	灌丛生态系统	年均叶面积指数
		叶面积指数年变异系数
		叶面积指数年均变异系数
	农田生态系统	年均净初级生产力
		净初级生产力年变异系数
		净初级生产力年均变异系数
	湿地生态系统	年均净初级生产力
		净初级生产力年变异系数
		净初级生产力年均变异系数

8.1.2.1　森林生态系统质量评估指数

1. 年均 LAI（SL_AuL_i）

年均 LAI 计算公式为

$$SL\_AuL_i = \frac{\sum_{i=1}^{36} DecL_{ij}}{d}$$

式中　i——年数;

j——旬数;

d——1 年内 LAI 数据总旬数;

$DecL_{ij}$——第 i 年第 j 旬影像 LAI 值。

2. LAI 年变异系数（SL_CVL_i）

LAI 年变异系数计算公式为

$$SL\_CVL_i = \frac{\sqrt{\dfrac{\left[\sum_{j=1}^{36}\left(DecL_{ij} - \dfrac{\sum_{j=1}^{36} DecL_{ij}}{d}\right)^2\right]}{d-1}}}{\dfrac{\sum_{j=1}^{36} DecL_{ij}}{d}}$$

式中　i——年数;

j——旬数;

d——1 年内 LAI 数据总旬数；

$DecL_{ij}$——第 i 年第 j 旬影像 LAI 值。

3.LAI 年均变异系数(SL_ACVL_i)

LAI 年均变异系数计算公式为

$$SL\_ACVL_i = \frac{\sum_{i}^{n} SL\_CVL_i}{n}$$

式中 n——森林生态系统内影像像元数量。

8.1.2.2 灌丛生态系统质量评估指标

灌丛生态系统质量评估指标与森林生态系统的相同,指标计算方法与森林生态系统的一致。

8.1.2.3 农田生态系统质量评估指标

1.年均净初级生产力(NT_AuN_i)

年均净初级生产力计算公式为

$$NT\_AuN_i = \frac{\sum_{i=1}^{36} DecN_{ij}}{d}$$

式中 i——年数；

　　j——旬数；

　　d——1 年内 NPP 数据总旬数；

　　$DecN_{ij}$——第 i 年第 j 旬影像 NPP 值。

2.净初级生产力年变异系数(NT_CVN_i)

净初级生产力年变异系数计算公式为

$$NT\_CVN_i = \frac{\sqrt{\dfrac{\left[\sum_{j=1}^{36}\left(DecN_{ij} - \dfrac{\sum_{j=1}^{36} DecN_{ij}}{d}\right)^2\right]}{d-1}}}{\dfrac{\sum_{j=1}^{36} DecN_{ij}}{d}}$$

式中 i——年数；

　　j——旬数；

　　d——1 年内 NPP 数据总旬数；

　　$DecN_{ij}$——第 i 年第 j 旬影像。

3.净初级生产力年均变异系数(NT_ACVN$_i$)

净初级生产力年均变异系数计算公式为

$$NT\_ACVN_i = \frac{\sum\limits_{i}^{n} NT\_CVN_i}{n}$$

式中 n——农田生态系统内影像像元数量。

8.1.2.4 湿地生态系统质量评估指标

湿地生态系统质量评估指标与农田生态系统的相同,指标计算方法与农田生态系统的一致。

8.2 数据源

8.2.1 生态系统格局

生态系统构成与格局及其变化评估主要利用遥感解译获取的 2000 年、2005 年和 2010 年三期河南省生态系统分类数据。地表覆盖解译数据源包括遥感影像、辅助数据及相关资料,遥感影像和辅助数据需求分别见表 8-3、表 8-4。

表 8-3 遥感数据列表

卫星种类	传感器	分辨率(m)	时相	范围
HJ-1	CCD	30	2010 年(生长季、非生长季)	全省
Landsat	TM ETM+	30	2000 年、2005 年、2010 年 (生长季、非生长季)	
SPOT5		5/2.5	2010 年	选用 SPOT5(2.5 m),分布位置为以经纬度的交叉点(以 1° 为间隔)为中心,面积为 10 km×10 km
ENVISAT ASAR ERS 1/2	Radar	30	2000 年、2005 年、2010 年	全省

表 8-4　辅助数据列表

基础数据		覆盖范围	数据时间	数据格式	投影格式	比例尺 （分辨率）
数字高程 （DEM）		全省	最新	栅格 .grid	国家2000 或WGS84	1：25万 1：5万
		全省	最新	栅格 .tif	国家2000 或WGS84	30 m和90 m STER数据
行政边界		县级、市级、 省级	最新	矢量 .shp	国家2000 或WGS84	1：100万
气象数据		全省观测站	2000~2010年	txt		
流域分区		全省	最新	矢量 .shp	国家2000 或WGS84	1：25万 1：5万
河网		全省,一、二、 三、四、五级河流	最新	矢量 .shp	国家2000 或WGS84	1：25万
植被类型		全省,森林	最新	矢量 .shp	国家2000 或WGS84	1：100万
生态系统 类型分布		全省	最新	矢量 .shp	国家2000 或WGS84	1：100万
土地利用 数据		重点城市 区域	2000~2010年	矢量 .shp	国家2000 或WGS84	1：10万
土壤类型		全省	最新	矢量 .shp	国家2000 或WGS84	1：100万
功能区划	主体功能区	全省	最新	国家2000 或WGS84	国家2000 或WGS84	1：100万
	生态建设区	全省	最新	国家2000 或WGS84	国家2000 或WGS84	1：100万
	环境功能区	全省	最新	国家2000 或WGS84	国家2000 或WGS84	1：100万
	脆弱区	全省	最新	国家2000 或WGS84	国家2000 或WGS84	1：100万
	水功能区	全省	最新	国家2000 或WGS84	国家2000 或WGS84	1：100万
	自然保护区	省级、地市级	最新	国家2000 或WGS84	国家2000 或WGS84	1：100万
	水源地 保护区	省级、地市级	最新	国家2000 或WGS84	国家2000 或WGS84	1：100万

8.2.2 生态系统质量

生态系统质量评估主要利用遥感解译获取的2000～2010年逐旬/逐年生态系统地表参量,包括叶面积指数、净初级生产力(见表8-5)。

表 8-5 生态系统质量评估数据源

序号	数据	空间分辨率	时相	备注	来源
1	叶面积指数	250 m/30 m	2000～2010 年	250 m 逐旬, 30 m 逐年	中国科学院 遥感所
2	净初级生产力	250 m/30 m	2000～2010 年	250 m 逐旬, 30 m 逐年	中国科学院 遥感所

8.3 研究方法

8.3.1 生态系统格局

根据生态系统土地覆盖分类系统,提取各种生态系统空间结构分布信息,得到河南省生态系统类型与空间分布、各类生态系统构成。通过面积单元统计、动态度计算、转移矩阵和景观格局指数等指标和方法,分析河南省各生态系统类型的分布和结构及其变化、生态系统类型转换时空变化特征、各生态系统内部结构特征及其变化、生态系统景观格局特征。

8.3.2 生态系统质量

8.3.2.1 森林生态系统

森林生态系统采用年均 LAI(SL_AuL_i)、LAI 年变异系数(SL_CVL_i)、LAI年均变异系数(SL_ACVL_i)等指标进行质量评估。将 SL_AuL_i 取值分为低、较低、中、较高、高等 5 个等级,对应 LAI 取值分别为:0～2、2～4、4～6、6～8、8～∞,统计 2000～2010 年 SL_AuL_i 各级别面积及比例。将 SL_CVL_i 分为小、较小、中、较大、大等 5 级,其变异系数取值分别为 0～0.2、0.2～0.4、0.4～0.8、0.8～1、1～∞。

8.3.2.2 灌丛生态系统

灌丛生态系统评估方法与森林生态系统的一致。

8.3.2.3　农田生态系统

农田生态系统采用年均净初级生产力（NT_AuN$_i$）、净初级生产力年变异系数（NT_CVN$_i$）、净初级生产力年均变异系数（NT_ACVN$_i$）等指标进行质量评估。将 NT_AuN$_i$ 分为低、较低、中、较高、高等 5 个等级，每级对应取值为 0～6、6～12、12～18、18～24、24～∞，统计 2000～2010 年 NT_AuN$_i$ 面积与比例。将 NT_CVN$_i$ 按取值分为小、较小、中、较大、大等 5 级，各级别对应变异系数取值分别为 0～0.5、0.5～1、1～1.5、1.5～2、2～∞，统计每级变异系数面积及比例。

8.3.2.4　湿地生态系统

湿地生态系统采用年均净初级生产力（SD_AuN$_i$）、净初级生产力年变异系数（SD_CVN$_i$）、净初级生产力年均变异系数（SD_ACVN$_i$）等指标进行质量评估。将 SD_AuN$_i$ 分为低、较低、中、较高、高等 5 个等级，每级对应取值为 0～6、6～12、12～18、18～24、24～∞，统计 2000～2010 年 SD_AuN$_i$ 面积与比例。将 SD_CVN$_i$ 按取值分为小、较小、中、较大、大等 5 个等级，各级别对应变异系数取值分别为 0～0.5、0.5～1、1～1.5、1.5～2、2～∞，统计每级变异系数面积及比例。

8.4　研究结果

8.4.1　南水北调中线工程源头国家级生态功能保护区（河南部分）

南水北调中线工程渠首，位于河南省南阳市淅川县九重镇陶岔村，由此引水送至北京、天津，渠线全长 1 432 km（含天津分干渠 155 km）。生态功能保护区内的丹江口水库位于汉江中上游，属于长江流域汉江水系，控制流域面积 9.5 万 km^2，天然入库水量 393.4 亿 m^3，约占汉江流域水量的 60%。目前，水库大坝高 162 m，正常蓄水位 157 m，水域面积 745 km^2，其中河南省辖区内水域面积 362 km^2，占库区总水面面积的 48.6%。

8.4.1.1　经济社会 10 年变化趋势

利用 2000～2010 年河南省统计年鉴的数据，分析了南水北调中线工程源头国家级生态功能区涵盖范围内的县市人口密度、GDP 密度、三产增加值密度及单位面积化肥施用量等社会经济活动强度指标和农业活动强度指标，如表 8-6 所示，2000～2010 年，随着社会经济的发展，社会经济活动强度和农业活动强度都呈现增加的趋势，通过人类活动胁迫综合指数的计算，2000～2010

年,人类活动胁迫综合指数呈显著增加趋势,见表8-7。

表8-6 2000~2010年河南省南水北调中线工程源头国家级生态功能保护区内人类活动强度

各县(区)	年份	社会经济活动强度					农业活动强度
		人口密度(人/km²)	GDP密度(万元/km²)	第一产业增加值密度(万元/km²)	第二产业增加值密度(万元/km²)	第三产业增加值密度(万元/km²)	单位面积化肥施用量(t/km²)
卢氏县	2000	100.08	30.77	10.15	8.65	11.97	2.69
	2001	100.19	26.55	8.77	5.12	12.66	2.72
	2002	98.05	28.97	9.39	5.81	13.77	2.76
	2003	98.68	32.85	10.48	7.09	15.28	2.76
	2004	98.85	41.21	12.98	10.57	17.65	2.84
	2005	99.09	46.35	13.07	11.71	21.56	2.93
	2006	99.39	54.11	15.03	14.31	24.77	3.05
	2007	99.67	65.07	16.57	18.67	29.83	3.09
	2008	99.94	85.16	23.37	25.77	36.02	3.21
	2009	100.21	96.90	25.36	30.92	40.62	3.40
	2010	100.49	119.61	29.31	44.37	45.93	3.50
栾川县	2000	125.50	47.63	8.34	23.88	15.42	2.26
	2001	125.70	48.27	9.63	21.06	17.58	2.38
	2002	129.46	60.37	15.32	25.23	19.82	2.73
	2003	129.87	73.82	17.97	33.74	22.12	2.87
	2004	130.27	113.07	20.12	68.18	24.78	2.95
	2005	131.14	215.39	23.47	158.57	33.36	2.79
	2006	131.89	279.20	28.61	212.48	38.11	2.88
	2007	132.29	436.02	33.00	357.27	45.75	2.99
	2008	133.10	542.67	40.74	445.59	56.33	2.99
	2009	133.83	475.84	41.39	359.54	74.92	3.20
	2010	134.64	575.84	43.51	445.52	86.81	3.62

各县(区)	年份	社会经济活动强度					农业活动强度
		人口密度(人/km²)	GDP密度(万元/km²)	第一产业增加值密度(万元/km²)	第二产业增加值密度(万元/km²)	第三产业增加值密度(万元/km²)	单位面积化肥施用量(t/km²)
内乡县	2000	266.29	121.65	40.73	51.22	29.70	9.58
	2001	264.95	138.25	46.10	59.12	33.03	10.37
	2002	273.97	155.48	52.06	67.86	35.56	10.15
	2003	275.14	173.43	54.87	79.56	39.00	9.71
	2004	276.31	215.15	69.63	99.41	46.11	10.80
	2005	278.00	250.77	76.59	118.30	55.89	10.59
	2006	279.43	279.67	80.30	133.84	65.53	10.68
	2007	280.69	323.29	89.06	155.18	79.05	11.15
	2008	282.12	387.66	104.64	186.54	96.49	12.10
	2009	283.34	400.10	112.24	192.71	95.16	14.24
	2010	284.51	439.94	123.59	207.89	108.46	66.16
邓州市	2000	637.25	270.39	103.17	87.28	79.94	32.35
	2001	633.94	303.77	118.76	97.31	87.70	32.33
	2002	643.01	326.90	127.67	103.96	95.27	32.37
	2003	646.11	382.89	153.75	123.08	106.06	31.63
	2004	649.63	471.78	188.35	159.06	124.38	35.70
	2005	651.28	545.98	202.42	198.07	145.49	42.40
	2006	654.55	621.02	215.95	236.46	168.60	46.64
	2007	657.64	711.81	225.44	288.65	197.72	47.95
	2008	661.42	880.75	253.80	380.87	246.08	45.52
	2009	665.78	908.19	264.23	430.03	213.94	46.49
	2010	669.89	995.32	290.60	464.10	240.62	175.54

各县（区）	年份	社会经济活动强度					农业活动强度
		人口密度（人/km²）	GDP 密度（万元/km²）	第一产业增加值密度（万元/km²）	第二产业增加值密度（万元/km²）	第三产业增加值密度（万元/km²）	单位面积化肥施用量（t/km²）
淅川县	2000	250.88	100.12	33.93	46.86	19.32	11.54
	2001	250.49	110.98	38.25	51.49	21.24	11.68
	2002	257.15	122.13	41.15	57.54	23.44	11.80
	2003	258.21	138.25	41.24	70.60	26.41	12.64
	2004	259.06	177.67	52.01	94.35	31.31	13.00
	2005	260.44	219.58	58.47	122.27	38.84	13.89
	2006	261.64	251.33	62.98	140.49	47.86	14.52
	2007	263.17	309.47	73.38	174.60	61.49	15.14
	2008	264.55	366.35	87.66	202.29	76.41	15.81
	2009	262.03	392.39	93.55	216.45	82.39	15.54
	2010	262.07	447.66	102.29	250.20	95.18	77.65
西峡县	2000	119.78	67.24	21.38	30.41	15.45	6.13
	2001	119.98	75.14	23.64	34.57	16.93	6.39
	2002	124.01	83.62	25.86	39.53	18.23	6.84
	2003	124.51	99.09	27.44	51.28	20.37	6.58
	2004	125.26	122.04	33.02	64.55	24.47	6.76
	2005	126.39	160.60	36.51	91.72	32.37	7.54
	2006	127.03	197.84	41.03	118.44	38.37	7.73
	2007	127.67	255.14	46.97	158.22	49.96	7.87
	2008	128.34	318.86	50.35	206.52	61.98	8.65
	2009	128.92	374.18	57.39	240.82	75.98	8.72
	2010	129.64	437.44	63.62	287.30	86.52	8.80

表 8-7   2000～2010 年河南省南水北调中线工程源头区内人类活动胁迫综合指数

区域	2000 年	2005 年	2010 年
卢氏县	65.819 8	73.538 39	126.760 7
栾川县	89.413 93	217.543 4	493.468 1
内乡县	208.257 5	301.316 5	453.764 5
邓州市	485.248 9	679.173 8	1 042.951
淅川县	185.634 6	272.006 2	456.688 3
西峡县	104.484 9	174.378 3	384.642 2

8.4.1.2   生态系统格局评价

1.生态系统类型与分布

2000 年、2005 年和 2010 年南水北调中线工程源头国家级生态功能保护区一级、二级和构成特征如图 8-1、图 8-2 和表 8-8 所示。通过上述图表可以看出，南水北调中线工程源头国家级生态功能保护区生态系统类型主要以森林、灌丛和耕地为主，占总面积的 90% 左右。森林以阔叶林为主，2000～2010 年森林面积基本保持稳定。灌丛以阔叶灌丛为主，2000～2010 年灌丛面积有所减少。草地面积 10 年之间有所增加，占总国土面积的比例增加了 0.1 个百分点，湿地以湖泊和河流为主，10 年之间增加了 1.4 个百分点，耕地面积呈减少趋势，2010 年比 2000 年减少了 28 km^2，城镇中的居住用地面积有所增加，2010 年比 2000 年增加了 7 km^2。

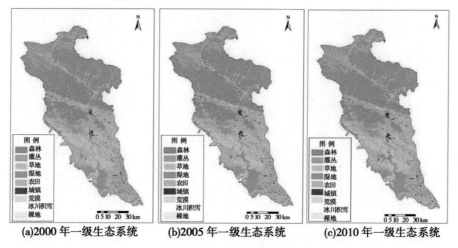

(a)2000 年一级生态系统　　　(b)2005 年一级生态系统　　　(c)2010 年一级生态系统

图 8-1   一级生态系统的构成

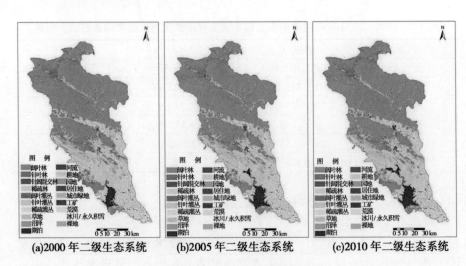

(a)2000年二级生态系统　　　(b)2005年二级生态系统　　　(c)2010年二级生态系统

图 8-2　二级生态系统的构成

表 8-8　生态系统构成特征

代码	I级	代码	II级	2000 年		2005 年		2010 年	
				面积（km²）	比例（%）	面积（km²）	比例（%）	面积（km²）	比例（%）
1	森林	11	阔叶林	3 012.3	35.2	3 006.1	35.1	3 013.1	35.2
		12	针叶林	111.4	1.3	120.2	1.4	117.8	1.4
		13	针阔混交林	283.0	3.3	286.2	3.3	282.5	3.3
		14	稀疏林	0.0	0.0	0.7	0.0	0.0	0.0
			合计	3 406.8	39.8	3 413.2	39.8	3 413.5	39.9
2	灌丛	21	阔叶灌丛	1 923.4	22.5	1 907.5	22.3	1 912.3	22.3
			合计	1 923.4	22.5	1 907.5	22.3	1 912.3	22.3
3	草地	31	草地	483.6	5.6	487.3	5.7	488.3	5.7
			合计	483.6	5.6	487.3	5.7	488.3	5.7
4	湿地	41	沼泽	0.0	0.0	1.0	0.0	0.0	0.0
		42	湖泊	173.7	2.0	265.5	3.1	289.0	3.4
		43	河流	51.2	0.6	52.7	0.6	51.9	0.6
			合计	224.9	2.6	319.2	3.7	341.0	4.0

代码	Ⅰ级	代码	Ⅱ级	2000 年		2005 年		2010 年	
				面积（km²）	比例（%）	面积（km²）	比例（%）	面积（km²）	比例（%）
5	耕地	51	耕地	2 397.7	28.0	2 290.4	26.7	2 269.0	26.5
		52	园地	0.5	0.0	6.0	0.1	0.5	0.0
			合计	2 398.1	28.0	2 296.5	26.8	2 269.5	26.5
6	城镇	61	居住地	118.4	1.4	124.7	1.5	125.3	1.5
		63	工矿	4.1	0.0	9.8	0.1	10.1	0.1
			合计	122.5	1.4	134.5	1.6	135.3	1.6
9	裸地	91	裸地	6.4	0.1	7.6	0.1	5.9	0.1
			合计	6.4	0.1	7.6	0.1	5.9	0.1

2. 生态系统类型转换特征分析与评价

1）生态系统转移方向分析

从 2000 年、2005 年、2010 年南水北调中线工程源头国家级生态功能保护区内生态系统构成转移方向与变化空间分布如表 8-9、表 8-10 和图 8-3、图 8-4 所示。可以看出，南水北调工程源头国家级生态功能保护区一级生态系统类型的转变以湿地生态系统为最大，2000 ~ 2010 年 10 年间生态系统类型的转换主要表现为耕地、灌丛、裸地中分别有 0.1 km²、115.5 km²、0.5 km² 转变为湿地生态系统。

表 8-9 一级生态系统构成转移矩阵   （单位：km²）

年份	类型	森林	灌丛	草地	湿地	耕地	城镇	裸地
2000 ~ 2005	森林	3 399.8	4.5			2.4		—
	灌丛	10.9	1 902.5	3.2	0.1	6.2	0.5	—
	草地			483.5				—
	湿地				222.6	2.3		
	耕地	2.2	0.5	0.6	95.9	2 282.8	14.4	1.7
	城镇	0.3				2.7	119.5	—
	裸地	—	—	—	0.5			5.9

年份	类型	森林	灌丛	草地	湿地	耕地	城镇	裸地
2000~2010	森林	3 403.5	1.0			0.1	2.2	—
	灌丛	9.0	1 911.0	3.2	0.1	0.1		—
	草地			483.5				
	湿地				224.9			
	耕地	1.0	0.3	1.6	115.5	2 269.2	10.6	
	城镇						122.5	—
	裸地	—	—	—	0.5			5.9
2005~2010	森林	3 408.7	3.0	—	—	1.2	0.3	—
	灌丛	4.6	1 902.7	—	—	0.2		
	草地	—	—	487.3	—			—
	湿地	—	—	—	317.7		1.5	
	耕地	0.2	6.1	1.0	23.2	2 260.6	5.4	
	城镇		0.5			4.3	129.6	—
	裸地	—				1.7		5.9

2)生态系统类型相互转换特征

由表8-11~表8-14可知,10年间南水北调中线工程源头国家级生态功能区在2000~2005年、2005~2010年、2000~2010年三个时间段内生态系统综合动态度(EC)分别为1.7、0.6、2.5,2005~2010年一级生态系统综合动态度大幅度减少,生态类型变化的剧烈程度降低。10年间南水北调中线工程源头国家级生态功能区在2000~2005年、2005~2010年、2000~2010年三个时间段内一级生态系统动态类型相互转化强度分别为0.7、0.2、0.6,表明2005~2010年相比2000~2005年土地覆被类型有大幅度的好转,整体来看,2000~2010年土地覆被类型总体较好。

表 8-10　二级生态系统构成转移矩阵

（单位：km²）

年份	类型	阔叶林	针叶林	针阔混交林	稀疏林	阔叶灌丛	草地	沼泽	湖泊	河流	耕地	园地	居住地	工矿	裸地
2000~2005	阔叶林	3 001.0	2.5	1.8	—	4.5	0.0	—	—	0.0	2.4	—	—	—	—
	针叶林	0.0	111.4	—	—	0.0	—	—	—	—	0.0	—	0.0	—	—
	针阔混交林	0.0	0.6	282.4	0.0	0.0	—	—	—	—	—	—	—	—	—
	稀疏林	—	—	—	0.0	—	—	—	—	—	—	—	—	—	—
	阔叶灌丛	3.4	5.6	1.9	—	1 902.5	3.2	—	0.0	0.0	5.3	1.0	0.5	—	—
	草地	0.0	—	—	—	0.0	483.5	—	0.0	0.0	0.0	—	—	—	—
	沼泽	—	—	—	—	—	—	—	—	—	—	—	—	—	—
	湖泊	—	—	—	—	0.0	0.0	—	171.4	0.0	2.2	—	0.0	—	—
	河流	0.0	—	—	—	0.0	0.0	—	0.0	51.1	0.0	—	0.0	—	0.0
	耕地	1.6	0.2	0.0	0.4	0.5	0.6	1.0	94.0	1.0	2 277.7	4.6	7.7	6.7	1.7
	园地	—	—	—	—	—	—	—	—	—	0.0	0.5	—	—	—
	居住地	0.0	—	—	0.3	0.0	—	—	0.0	0.0	1.7	—	116.4	—	—
	工矿	0.0	—	—	—	0.0	—	—	—	—	1.0	0.0	0.0	3.1	—
	裸地	—	—	—	—	—	—	—	—	0.5	0.0	—	0.0	—	5.9

年份	类型	阔叶林	针叶林	针阔混交林	稀疏林	阔叶灌丛	草地	沼泽	湖泊	河流	耕地	园地	居住地	工矿	裸地
	阔叶林	3 008.8	0.2	0.0	—	1.0	0.0	—	0.0	0.0	0.1	—	2.2	0.0	—
	针叶林	0.0	111.4	—	—	0.0	—	—	—	—	0.0	—	—	—	—
	针阔混交林	0.0	0.6	282.4	—	0.0	—	—	—	—	—	—	—	—	—
	稀疏林	—	—	—	0.0	—	—	—	—	—	—	—	—	—	—
	阔叶灌丛	3.4	5.6	0.1	—	1 911.0	3.2	—	0.0	0.0	0.1	—	0.0	0.0	—
	草地	0.0	—	—	—	0.0	483.5	—	0.0	0.0	0.0	—	0.0	—	—
2000~2010	沼泽	—	—	—	—	—	—	—	—	—	—	—	—	—	—
	湖泊	—	—	—	—	0.0	0.0	—	173.7	0.0	0.0	—	0.0	—	—
	河流	0.0	0.0	0.0	—	0.0	—	—	0.0	51.2	0.0	—	0.0	—	0.0
	耕地	1.0	0.0	0.0	—	0.3	1.6	—	115.3	0.2	2 268.7	—	4.6	6.0	0.0
	园地	—	—	—	—	—	—	—	—	—	—	0.5	—	—	—
	居住地	0.0	—	—	—	0.0	0.0	—	0.0	—	0.0	—	118.4	0.0	—
	工矿	0.0	—	0.0	—	—	—	—	0.0	0.0	0.0	0.0	0.0	4.1	—
	裸地	—	—	—	—	—	—	—	0.0	0.5	0.0	—	0.0	—	5.9

续表 8-10

年份	类型	阔叶林	针叶林	针阔混交林	稀疏林	阔叶灌丛	草地	沼泽	湖泊	河流	耕地	园地	居住地	工矿	裸地
2005～2010	阔叶林	3 004.3	—	0.0	—	1.1	—	—	—	—	0.7	—	0.0	—	—
	针叶林	2.2	117.8	—	—	—	—	—	—	—	0.2	—	—	—	—
	针阔混交林	1.8	—	282.5	—	1.8	—	—	—	—	—	—	—	—	—
	稀疏林	—	—	—	0.0	—	—	—	—	—	0.4	—	0.3	—	—
	阔叶灌丛	4.6	—	—	—	1 902.7	—	—	—	—	0.2	—	0.0	—	—
	草地	—	—	—	—	—	487.3	—	—	—	0.0	—	0.0	—	—
	沼泽	—	—	—	—	—	—	—	0.1	—	0.8	—	—	—	—
	湖泊	—	—	—	—	—	—	—	265.5	0.0	0.0	—	—	—	—
	河流	0.2	—	—	—	—	—	—	0.2	51.8	0.6	—	0.0	—	—
	耕地	—	—	—	—	5.2	1.0	—	23.2	0.0	2 255.5	—	4.4	1.0	0.0
	园地	—	—	—	—	1.0	—	—	—	—	4.6	0.5	0.0	—	—
	居住地	0.0	—	—	—	0.5	—	—	—	0.0	3.6	—	120.6	—	—
	工矿	—	—	—	—	—	—	—	—	—	0.7	—	—	9.1	—
	裸地	—	—	—	—	—	—	—	—	0.0	1.7	—	—	—	5.9

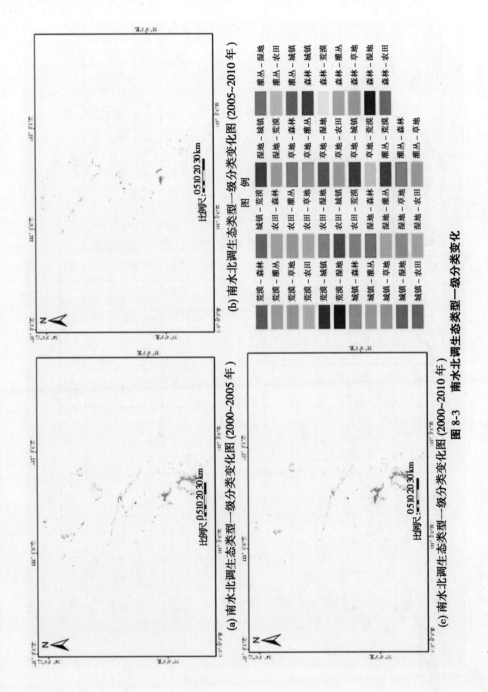

（b）南水北调生态类型一级分类变化图（2005~2010年）

图　例

（a）南水北调生态类型一级分类变化图（2000~2005年）

（c）南水北调生态类型一级分类变化图（2000~2010年）

图 8-3　南水北调生态类型一级分类变化

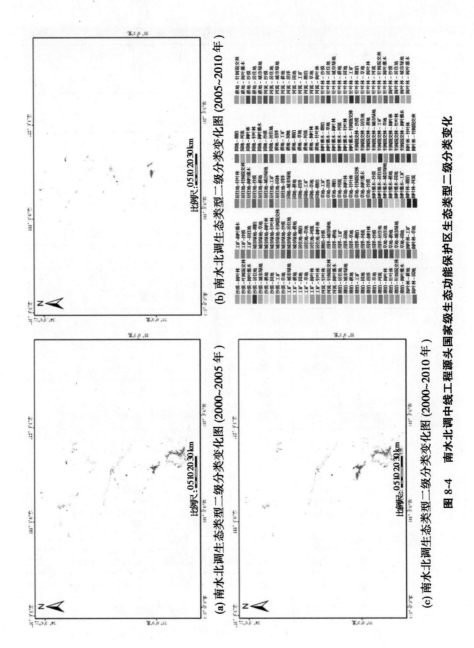

(a) 南水北调生态类型二级分类变化图（2000~2005 年）

(b) 南水北调生态类型二级分类变化图（2005~2010 年）

(c) 南水北调生态类型二级分类变化图（2000~2010 年）

图 8-4　南水北调中线工程源头国家级生态功能保护区生态类型二级分类变化

表 8-11 一级综合生态系统动态度   （%）

综合生态系统动态度	2000～2005 年	2000～2010 年	2005～2010 年
EC	1.7	1.7	0.6

表 8-12 二级综合生态系统动态度   （%）

综合生态系统动态度	2000～2005 年	2000～2010 年	2005～2010 年
EC	1.9	1.7	0.7

表 8-13 一级生态系统动态类型相互转化强度   （%）

类型相互转化强度	2000～2005 年	2000～2010 年	2005～2010 年
LCCI	0.7	0.6	0.2

表 8-14 一级生态系统类型相互转化强度   （%）

年份	类型	森林	灌丛	草地	湿地	耕地	城镇	裸地
2000～2005	森林	99.61	0.24	0.00	0.00	0.11	0.00	—
	灌丛	0.32	99.74	0.65	0.03	0.27	0.41	
	草地	0.00	0.00	99.22	0.01	0.00	—	—
	湿地	0.00	0.00	0.00	69.74	0.10	0.00	0.57
	耕地	0.06	0.03	0.12	30.06	99.41	10.74	22.27
	城镇	0.01	0.00	0.00	0.00	0.12	88.85	—
	裸地	—	—	—	0.16	0.00	0.00	77.16
2000～2010	森林	99.71	0.05	0.00	0.00	0.00	1.63	—
	灌丛	0.27	99.93	0.65	0.03	0.00	0.00	
	草地	0.00	0.00	99.03	0.01	0.00	0.00	—
	湿地	0.00	0.00	0.00	65.95	0.00	0.00	0.09
	耕地	0.03	0.02	0.32	33.87	99.99	7.84	0.40
	城镇	0.00	0.00	0.00	0.00	0.00	90.51	—
	裸地	—	—	—	0.15	0.00	0.00	99.51

年份	类型	森林	灌丛	草地	湿地	耕地	城镇	裸地
2005~2010	森林	99.86	0.16	—	—	0.05	0.25	—
	灌丛	0.14	99.49	—	—	0.01	0.00	—
	草地	—	—	99.80	—	0.00	0.00	—
	湿地	—	—	—	93.17	0.06	0.00	—
	耕地	0.01	0.32	0.20	6.82	99.61	3.96	0.00
	城镇	0.00	0.03	—	0.00	0.19	95.79	—
	裸地	—	—	—	0.01	0.07	—	100.00

3)生态系统景观格局特征及其变化

2000 年、2005 年、2010 年南水北调中线工程国家级生态功能保护区一级、二级生态系统景观格局特征结果如表 8-15~表 8-17 所示。由表 8-15 可以看出:2000~2010 年斑块数(NP)不断减少,由 2000 年的 9 957 减少到 2010 年的 9 508,10 年间减少了 449,说明生态景观构成复杂程度在降低;平均斑块面积(MPS)2000 年、2005 年、2010 年分别为 86.03 hm^2、88.76 hm^2、90.09 hm^2,10 年间增加了 4.06 hm^2,增长了 4.72%,说明南水北调中线工程国家级生态功能保护区 10 年间一级分类生态景观的完整性增强,破碎化程度降低。

表 8-15　一级生态系统景观格局特征及其变化

年份	斑块数(个)	平均斑块面积(hm^2)
2000	9 957	86.03
2005	9 651	88.76
2010	9 508	90.09

2000~2010 年,南水北调中线工程国家级生态功能保护区一级生态类型景观共有 7 种景观类型。如表 8-16 所示,森林、灌丛、草地、湿地、城镇生态系统斑块平均面积 2010 年与 2000 年相比均呈增长趋势,其中湿地生态系统斑块平均面积增长最快,2010 年较 2000 年增加了 55.6 hm^2。自然生态系统的破碎化程度在降低,生态系统更加趋于完整,耕地和裸地 2010 年较 2000 年有所降低,耕地斑块平均面积减少了 10.7 hm^2,裸地减少了 0.7 hm^2。二级生态系统斑块平均面积如表 8-17 所示,森林以阔叶林变化较为明显,湿地以湖泊

变化更为剧烈。

表 8-16　一级生态系统类斑块平均面积　　　　（单位:hm²）

年份	森林	灌丛	草地	湿地	耕地	城镇	裸地
2000	68.5	49.4	77.1	32.1	135.3	11.3	10.9
2005	69.9	49.4	78.5	76.2	120.9	12.4	11.1
2010	70.0	49.6	78.3	87.7	124.6	12.7	10.2

表 8-17　二级生态系统类斑块平均面积　　　　（单位:hm²）

类型	2000 年	2005 年	2010 年
阔叶林	157.1	165.4	166.4
针叶林	12.5	13.3	13.1
针阔混交林	13.1	13.2	13.1
稀疏林	0.4	23.5	0.4
阔叶灌丛	49.4	49.4	49.6
草地	77.1	78.5	78.3
沼泽	0.0	48.4	0.0
湖泊	30.2	89.4	108.7
河流	41.0	43.9	42.2
耕地	135.8	121.3	124.9
园地	8.0	60.5	8.0
居住地	11.1	11.8	12.1
工矿	31.3	33.8	31.5
裸地	10.9	11.1	10.2

8.4.1.3　生态系统质量评价

1.森林生态系统

1)森林生态系统年均叶面积指数

2000～2010 年年均叶面积指数如表 8-18 和图 8-5 所示,南水北调中线工程源头国家级生态功能保护区森林生态系统质量总体较好。2000～2010 年,森林生态系统质量叶面积指数较高及以上占比呈现波动增加趋势;2000～2010 年,森林生态系统质量叶面积指数较好级以上占比保持在 99% 以上,至 2010 年面积指数较高及以上占比达到 99.79%。

表 8-18　森林生态系统年均叶面积指数各等级面积与比例

年份	统计参数	低	较低	中	较高	高
2000	面积(km²)	0.25	1	22.437 5	118.5	3 276.625
	比例(%)	0.01	0.03	0.66	3.47	95.84
2001	面积(km²)	0.062 5	1.5	27.25	116.5	3 273.5
	比例(%)	0.00	0.04	0.80	3.41	95.75
2002	面积(km²)	0	0.812 5	13.812 5	68.437 5	3 335.75
	比例(%)	0.00	0.02	0.40	2.00	97.57
2003	面积(km²)	0	0.937 5	8.687 5	45.312 5	3 363.875
	比例(%)	0.00	0.03	0.25	1.33	98.39
2004	面积(km²)	0	1.5	10.875	73.562 5	3 332.875
	比例(%)	0.00	0.04	0.32	2.15	97.49
2005	面积(km²)	0	0.375	9.562 5	64.75	3 344.125
	比例(%)	0.00	0.01	0.28	1.89	97.82
2006	面积(km²)	0	0.25	6.125	31.5	3 380.937 5
	比例(%)	0.00	0.01	0.18	0.92	98.89
2007	面积(km²)	0	0.187 5	4.437 5	25.937 5	3 388.25
	比例(%)	0.00	0.01	0.13	0.76	99.11
2008	面积(km²)	0	0.375	7.562 5	34.87 5	3 376
	比例(%)	0.00	0.01	0.22	1.02	98.75
2009	面积(km²)	0	0.125	8	21	3 389.687 5
	比例(%)	0.00	0.00	0.23	0.61	99.15
2010	面积(km²)	0	0.625	6.625	20.187 5	3 391.375
	比例(%)	0.00	0.02	0.19	0.59	99.20

2)森林生态系统叶面积指数年变异系数

由表 8-19、图 8-6 可知,南水北调中线工程源头国家级生态功能保护区内森林生态系统质量年叶面积指数年变异系数主要集中在小等级上,说明 2000 ~ 2010 年森林生态系统质量年叶面积指数年内变化较小。森林生态系统叶面

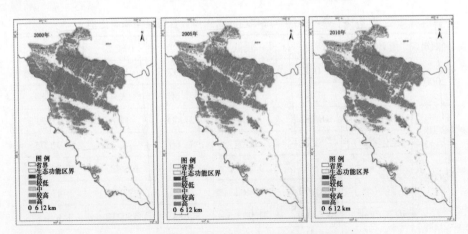

图8-5 森林生态系统叶面积指数各等级时空分布

积指数年变异系数各等级。

表8-19 森林生态系统叶面积指数年变异系数各等级面积及比例

年份	统计参数	小	较小	中	较大	大
2000	面积(km²)	3 418.81	0.00	0.00	0.00	0.00
	比例(%)	100.00	0.00	0.00	0.00	0.00
2001	面积(km²)	3 417.94	0.88	0.00	0.00	0.00
	比例(%)	99.97	0.03	0.00	0.00	0.00
2002	面积(km²)	3 418.81	0.00	0.00	0.00	0.00
	比例(%)	100.00	0.00	0.00	0.00	0.00
2003	面积(km²)	3 418.00	0.81	0.00	0.00	0.00
	比例(%)	99.98	0.02	0.00	0.00	0.00
2004	面积(km²)	3 418.44	0.38	0.00	0.00	0.00
	比例(%)	99.99	0.01	0.00	0.00	0.00
2005	面积(km²)	3 418.56	0.25	0.00	0.00	0.00
	比例(%)	99.99	0.01	0.00	0.00	0.00
2006	面积(km²)	3 418.75	0.06	0.00	0.00	0.00
	比例(%)	100.00	0.00	0.00	0.00	0.00

年份	统计参数	小	较小	中	较大	大
2007	面积(km²)	3 418.81	0.00	0.00	0.00	0.00
	比例(%)	100.00	0.00	0.00	0.00	0.00
2008	面积(km²)	3 418.75	0.06	0.00	0.00	0.00
	比例(%)	100.00	0.00	0.00	0.00	0.00
2009	面积(km²)	3 418.81	0.00	0.00	0.00	0.00
	比例(%)	100.00	0.00	0.00	0.00	0.00
2010	面积(km²)	3 418.81	0.00	0.00	0.00	0.00
	比例(%)	100.00	0.00	0.00	0.00	0.00

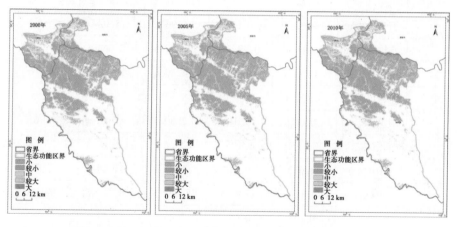

图 8-6　森林生态系统叶面积指数年变异系数各等级时空分布

2. 灌丛生态系统

1)灌丛生态系统年均叶面积指数

由表 8-20 和图 8-7 可知,南水北调中线工程源头国家级生态功能保护区内灌丛生态系统质量总体较好,2000~2010 年,全省森林生态系统质量叶面积指数较高及以上占比呈现波动增长趋势,生态系统质量年均叶面积指数较高级以上占比面积除 2001 年外均保持在 90% 以上,2001 年较高以上面积占比为 88.97%,可能与当年河南全省的干旱天气有关,2005~2010 年,年均叶面积指数较高面积占比增长较快,至 2010 年叶面积指数较高及以上占比最高,达到了 98.13%。

表 8-20　灌丛生态系统质量年均叶面积指数各等级面积与比例

年份	统计参数	低	较低	中	较高	高
2000	面积（km²）	0.187 5	2.437 5	164.625	332.187 5	1 422.187 5
	比例（%）	0.01	0.13	8.57	17.29	74.01
2001	面积（km²）	0.187 5	9.75	201.937 5	322.312 5	1 387.437 5
	比例（%）	0.01	0.51	10.51	16.77	72.20
2002	面积（km²）	0	1.625	113.625	284.5	1 521.875
	比例（%）	0.00	0.08	5.91	14.81	79.20
2003	面积（km²）	0.062 5	0.437 5	88.25	283.937 5	1 548.937 5
	比例（%）	0.00	0.02	4.59	14.78	80.61
2004	面积（km²）	0	1.437 5	114.562 5	305.937 5	1 499.687 5
	比例（%）	0.00	0.07	5.96	15.92	78.04
2005	面积（km²）	0.312 5	0.437 5	86.562 5	313.062 5	1 521.25
	比例（%）	0.02	0.02	4.50	16.29	79.16
2006	面积（km²）	0.062 5	0.125	48.125	228.25	1 645.062 5
	比例（%）	0.00	0.01	2.50	11.88	85.61
2007	面积（km²）	0.125	0.125	23.5	212.187 5	1 685.687 5
	比例（%）	0.01	0.01	1.22	11.04	87.72
2008	面积（km²）	0.187 5	0.187 5	47.937 5	234.687 5	1 638.625
	比例（%）	0.01	0.01	2.49	12.21	85.27
2009	面积（km²）	0.125	0.125	41.562 5	190.062 5	1 689.75
	比例（%）	0.01	0.01	2.16	9.89	87.93
2010	面积（km²）	0.312 5	0.375	35.25	179.312 5	1 706.375
	比例（%）	0.02	0.02	1.83	9.33	88.80

2）灌丛生态系统年叶面积指数年变异系数

由表 8-21、图 8-8 可知,南水北调中线工程源头国家级生态功能保护区内灌丛生态系统质量年叶面积指数年变异系数主要集中在小等级上,说明 2000～2010 年灌丛生态系统质量年叶面积指数年内变化较小。

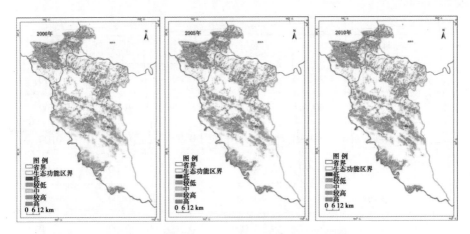

图 8-7　灌丛生态系统叶面积指数各等级时空分布

表 8-21　灌丛生态系统叶面积指数年变异系数各等级面积及比例

年份	统计参数	小	较小	中	较大	大
2000	面积(km²)	1 921.50	0.00	0.00	0.00	0.00
	比例(%)	100.00	0.00	0.00	0.00	0.00
2001	面积(km²)	1 921.19	0.31	0.00	0.00	0.00
	比例(%)	99.98	0.02	0.00	0.00	0.00
2002	面积(km²)	1 921.56	0.06	0.00	0.00	0.00
	比例(%)	100.00	0.00	0.00	0.00	0.00
2003	面积(km²)	1 921.63	0.00	0.00	0.00	0.00
	比例(%)	100.00	0.00	0.00	0.00	0.00
2004	面积(km²)	1 921.56	0.06	0.00	0.00	0.00
	比例(%)	100.00	0.00	0.00	0.00	0.00
2005	面积(km²)	1 921.44	0.06	0.00	0.00	0.00
	比例(%)	100.00	0.00	0.00	0.00	0.00
2006	面积(km²)	1 921.56	0.00	0.00	0.00	0.00
	比例(%)	100.00	0.00	0.00	0.00	0.00

年份	统计参数	小	较小	中	较大	大
2007	面积(km²)	1 921.56	0.00	0.00	0.00	0.00
	比例(%)	100.00	0.00	0.00	0.00	0.00
2008	面积(km²)	1 921.44	0.13	0.00	0.00	0.00
	比例(%)	99.99	0.01	0.00	0.00	0.00
2009	面积(km²)	1921.56	0.00	0.00	0.00	0.00
	比例(%)	100.00	0.00	0.00	0.00	0.00
2010	面积(km²)	1 921.44	0.06	0.00	0.00	0.00
	比例(%)	100.00	0.00	0.00	0.00	0.00

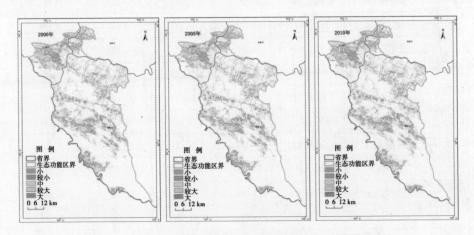

图 8-8　灌丛生态系统叶面积指数年变异系数各等级时空分布

3. 湿地生态系统

1)湿地生态系统年均净初级生产力

2000～2010 年年均净初级生产力各等级面积及比例、各等级时空分布如表 8-22 和图 8-9 所示,南水北调中线工程源头国家级生态功能保护区内湿地生态系统年均净初级生产力主要处于低和较低等级,其中低级面积占比达到 70% 以上,说明湿地生态系统质量整体水平不高,但 2000～2010 年,湿地生态系统质量有变好趋势,表现在低级的面积占比在减少,较低级面积占比呈增加趋势。2000 年、2005 年、2010 年湿地生态系统净初级生产力年总量分别为 553.43 t、682.65 t、724.16 t,呈增加趋势。

表 8-22　湿地生态系统年均净初级生产力各等级面积及比例

年份	统计参数	低	较低	中	较高	高
2000	面积(km²)	184.562 5	39.437 5	0	0	0
	比例(%)	82.39	17.61	0.00	0.00	0.00
2005	面积(km²)	170.437 5	53.562 5	0	0	0
	比例(%)	76.09	23.91	0.00	0.00	0.00
2010	面积(km²)	165.25	58.75	0	0	0
	比例(%)	73.77	26.23	0.00	0.00	0.00

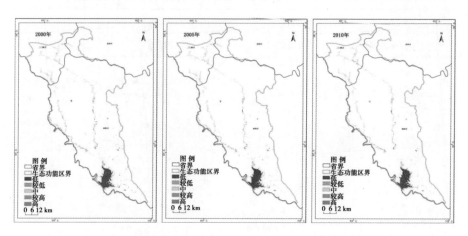

图 8-9　湿地生态系统年均净初级生产力各等级时空分布

2)湿地生态系统净初级生产力年变异系数

如表 8-23 ~ 表 8-25 及图 8-10 所示,南水北调中线工程源头生态功能保护区内湿地生态系统质量净初级生产力指数年变异系数主要集中在小和较小的等级上,说明 2000 ~ 2010 年湿地生态系统质量年内变化较小。2000 年、2005 年、2010 年湿地生态系统净初级生产力年均变异系数分别为 0.287 1%、0.298 6%、0.229 0%。

表 8-23　2000 ~ 2010 年湿地生态系统净初级生产力年总量

年份	2000	2005	2010
净初级生产力年总量(t)	553.43	682.65	724.16

表 8-24　湿地生态系统净初级生产力年变异系数各等级面积及比例

年份	统计参数	小	较小	中	较大	大
2000	面积(km²)	159.38	19.94	0.19	0.06	0.00
	比例(%)	88.76	11.10	0.10	0.03	0.00
2005	面积(km²)	198.19	25.44	0.06	0.00	0.00
	比例(%)	88.60	11.37	0.03	0.00	0.00
2010	面积(km²)	217.00	4.63	0.00	0.00	0.00
	比例(%)	97.91	2.09	0.00	0.00	0.00

表 8-25　2000～2010 年湿地生态系统净初级生产力年均变异系数　　（%）

年份	2000	2005	2010
年均变异系数	0.287 1	0.298 6	0.229 0

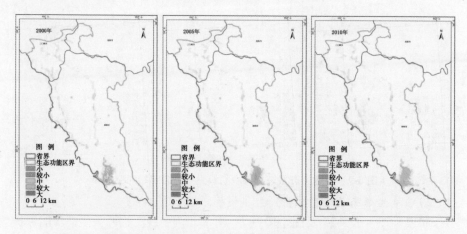

图 8-10　湿地生态系统年均净初级生产力年变异系数各等级时空分布

4.农田生态系统

1)农田生态系统年均净初级生产力

由图 8-11 和表 8-26 所示,南水北调中线工程源头国家级生态功能保护区内耕地生态系统年均净初级生态力主要处于较低级以下,说明耕地生态系统质量整体水平不高,但 2000～2010 年,耕地生态系统质量有变好趋势,表现在低级的面积占比在减少,较低级面积占比呈增加趋势,到 2010 年低级面积占比已经低于 10%。

表 8-26　耕地生态系统年均净初级生产力各等级面积及比例

年份	统计参数	低	较低	中	较高	高
2000	面积（km²）	1 297.187 5	1 099.125	0	0	0
	比例（%）	54.13	45.87	0.00	0.00	0.00
2001	面积（km²）	1 322.5	1 073.75	0.062 5	0	0
	比例（%）	55.19	44.81	0.00	0.00	0.00
2002	面积（km²）	326.125	2 070	0.187 5	0	0
	比例（%）	13.61	86.38	0.01	0.00	0.00
2003	面积（km²）	1 400.75	995.562 5	0	0	0
	比例（%）	58.45	41.55	0.00	0.00	0.00
2004	面积（km²）	364.625	2 031.687 5	0	0	0
	比例（%）	15.22	84.78	0.00	0.00	0.00
2005	面积（km²）	357.937 5	2 038.062 5	0.312 5	0	0
	比例（%）	14.94	85.05	0.01	0.00	0.00
2006	面积（km²）	345.75	2 050.25	0.312 5	0	0
	比例（%）	14.43	85.56	0.01	0.00	0.00
2007	面积（km²）	353.437 5	2 042.875	0	0	0
	比例（%）	14.75	85.25	0.00	0.00	0.00
2008	面积（km²）	226.437 5	2 169.875	0	0	0
	比例（%）	9.45	90.55	0.00	0.00	0.00
2009	面积（km²）	834.687 5	1 561.625	0	0	0
	比例（%）	34.83	65.17	0.00	0.00	0.00
2010	面积（km²）	223.812 5	2 172.5	0	0	0
	比例（%）	9.34	90.66	0.00	0.00	0.00

2）农田生态系统净初级生产力年变异系数

由表 8-27、图 8-12 所示，南水北调中线工程源头生态功能保护区内农田生态系统净初级生产力指数年变异系数主要集中在小和较小的等级上，说明 2000～2010 年湿地生态系统质量年内变化较小。

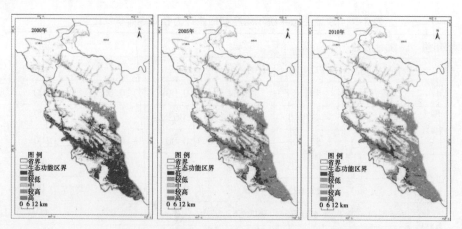

图8-11　耕地生态系统年均净初级生产力各等级时空分布

表8-27　耕地生态系统净初级生产力年变异系数各等级面积及比例

年份	统计参数	小	较小	中	较大	大
2000	面积(km²)	2 395.44	0.50	0.00	0.00	0.00
	比例(%)	99.98	0.02	0.00	0.00	0.00
2001	面积(km²)	2 390.94	3.75	0.13	0.00	0.00
	比例(%)	99.84	0.16	0.01	0.00	0.00
2002	面积(km²)	2 394.94	1.00	0.06	0.00	0.00
	比例(%)	99.96	0.04	0.00	0.00	0.00
2003	面积(km²)	2 395.19	0.81	0.06	0.00	0.00
	比例(%)	99.96	0.03	0.00	0.00	0.00
2004	面积(km²)	2 392.75	1.81	0.06	0.00	0.00
	比例(%)	99.92	0.08	0.00	0.00	0.00
2005	面积(km²)	2 393.50	2.81	0.00	0.00	0.00
	比例(%)	99.88	0.12	0.00	0.00	0.00
2006	面积(km²)	2 393.38	1.06	0.00	0.00	0.00
	比例(%)	99.96	0.04	0.00	0.00	0.00
2007	面积(km²)	2 392.81	3.31	0.00	0.00	0.00
	比例(%)	99.86	0.14	0.00	0.00	0.00

年份	统计参数	小	较小	中	较大	大
2008	面积(km²)	2 393.50	2.06	0.00	0.00	0.00
	比例(%)	99.91	0.09	0.00	0.00	0.00
2009	面积(km²)	2 394.06	1.69	0.00	0.00	0.00
	比例(%)	99.93	0.07	0.00	0.00	0.00
2010	面积(km²)	2 395.88	0.44	0.00	0.00	0.00
	比例(%)	99.98	0.02	0.00	0.00	0.00

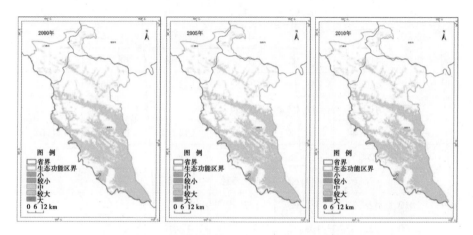

图 8-12　耕地生态系统净初级生产力年变异系数各等级时空分布

8.4.2　河南省淮河源国家级生态功能保护区

淮河源生态功能保护区位于我国南北分界线秦岭—淮河一线的中部,河南、安徽、湖北三省交界处。具体位置在河南省南部,东经 113°00′~115°55′,北纬 30°23′~32°43′,与安徽、湖北交界;东西长 205 km,南北宽 142 km,面积 20 249.4 km²,占全省总面积的 12.1%,占淮河流域总面积的 7.5%。

8.4.2.1　经济社会 10 年变化趋势

利用 2000 年~2010 年河南省统计年鉴的数据,分析了淮河源国家级生态功能区涵盖范围内的县市人口密度、GDP 密度、三产增加值密度及单位面积化肥施用量等社会经济活动强度指标和农业活动强度指标,如表 8-28 所示,2000~2010 年,随着社会经济的发展,社会经济活动强度和农业活动强度都呈现增加的趋势,人类活动胁迫强度指数信阳市 2000 年、2005 年、2010 年分别为 144.41、227.02 和 369.96，呈增长趋势。

表8-28　2000~2010年河南省淮河源国家级生态功能保护区内人类活动强度

| 各县(区) | 年份 | 社会经济活动强度 | | | | | 农业活动强度 |
		人口密度(人/km²)	GDP密度(万元/km²)	第一产业增加值密度(万元/km²)	第二产业增加值密度(万元/km²)	第三产业增加值密度(万元/km²)	单位面积化肥施用量
信阳县	2000	404.99	138.02	48.68	47.29	42.05	14.43
	2001	407.63	139.41	38.66	53.94	46.81	14.60
	2002	410.28	164.92	52.09	61.10	51.73	16.29
	2003	412.39	183.52	51.00	73.06	59.46	16.91
	2004	414.51	229.60	71.66	89.38	68.56	17.68
	2005	416.62	268.88	79.53	102.29	87.06	18.41
	2006	419.27	311.07	86.90	122.15	102.02	18.48
	2007	422.44	369.58	95.60	149.13	124.85	21.67
	2008	424.55	458.28	117.53	189.51	151.24	22.16
	2009	426.67	441.62	117.53	184.56	139.54	23.83
	2010	428.78	577.26	152.29	243.67	181.31	24.99
桐柏县	2000	222.57	105.72	37.37	47.01	21.34	10.83
	2001	222.67	115.68	38.84	53.40	23.44	11.87
	2002	223.77	132.97	43.43	63.88	25.66	20.52
	2003	224.76	151.85	44.29	78.93	28.63	20.75
	2004	225.70	186.50	54.76	97.90	33.83	21.06
	2005	227.74	217.96	59.06	118.09	40.80	21.16
	2006	228.79	324.96	62.10	214.13	48.72	21.45
	2007	229.15	370.95	65.03	245.86	60.06	21.71
	2008	230.35	457.64	75.34	310.42	71.88	21.26
	2009	231.50	447.30	80.69	274.08	92.53	21.46
	2010	232.76	523.23	88.23	328.42	106.59	64.48

8.4.2.2　生态系统格局评价

河南省淮河源国家级生态功能保护区生态系统构成格局 10 年变化遥感调查与评估以 2000 年、2005 年和 2010 年为时间点,结合遥感、地面调查及生态系统长期研究网络多年观测数据,调查与评价淮河源陆地生态系统类型、分布、比例与空间格局,以及其 10 年来的变化,并对各类型生态系统相互转化特征进行了分析。

1.生态系统类型与分布

2000 年、2005 年和 2010 年河南省淮河源国家级生态功能保护区一级、二级和构成特征如图 8-13、图 8-14 和表 8-29 所示。通过上述图表可以看出,淮河源国家级生态功能保护区生态系统类型主要以森林、灌丛和耕地为主,占总面积的 90% 左右。森林以阔叶林和针叶林为主,2000 年到 2010 年,阔叶林面积增加了 575 km²,针叶林面积增加了 22 km²,针阔混交林减少了 10 km²。灌丛以阔叶灌丛为主,2000 ~ 2010 年灌丛面积减少了 614 km²,所占国土面积的比例减少了 2.9 个百分点。草地面积 10 年之间增加了 7 km²,湿地以湖泊和河流为主,10 年间主要表现为湖泊面积增加了 16 km²,耕地面积呈减少趋势,2010 年比 2000 年减少了 52 km²,城镇中的居住用地面积有所增加,2010 年比 2000 年增加了 49 km²。

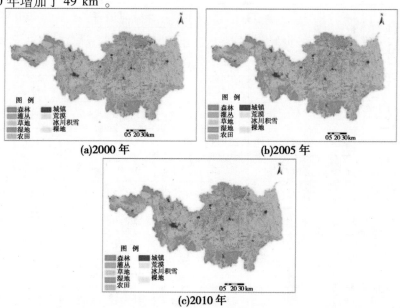

图 8-13　一级生态系统的构成

(a)2000 年

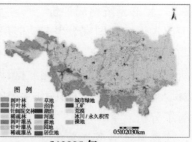
(b)2005 年

(c)2010 年

图 8-14　二级生态系统的构成

表 8-29　生态系统构成特征

代码	Ⅰ级	代码	Ⅱ级	2000 年		2005 年		2010 年	
				面积（km²）	比例（%）	面积（km²）	比例（%）	面积（km²）	比例（%）
1	森林	11	阔叶林	1 600.7	7.7	2 177.4	10.5	2 175.7	10.5
		12	针叶林	1 136.7	5.5	1 158.0	5.6	1 158.9	5.6
		13	针阔混交林	221.3	1.1	211.1	1.0	211.1	1.0
		14	稀疏林	169.6	0.8	169.6	0.8	169.1	0.8
			合计	3 128.4	15.1	3 716.2	17.9	3 714.9	17.9
2	灌丛	21	阔叶灌丛	1 832.3	8.8	1 220.6	5.9	1 218.4	5.9
			合计	1 832.3	8.8	1 220.6	5.9	1 218.4	5.9
3	草地	31	草地	15.5	0.1	16.2	0.1	22.5	0.1
			合计	15.5	0.1	16.2	0.1	22.5	0.1

代码	Ⅰ级	代码	Ⅱ级	2000 年		2005 年		2010 年	
				面积（km²）	比例（%）	面积（km²）	比例（%）	面积（km²）	比例（%）
4	湿地	41	沼泽	8.6	0.0	8.9	0.0	8.5	0.0
		42	湖泊	338.2	1.6	342.9	1.7	354.5	1.7
		43	河流	189.4	0.9	180.2	0.9	189.7	0.9
			合计	536.3	2.6	532.1	2.6	552.8	2.7
5	耕地	51	耕地	13 912.5	67.1	13 898.4	67.0	13 860.3	66.8
		52	园地	7.8	0.0	7.8	0.0	7.8	0.0
			合计	13 920.3	67.1	13 906.1	67.0	13 868.0	66.8
6	城镇	61	居住地	1 178.5	5.7	1 206.0	5.8	1 227.5	5.9
		62	城市绿地	0.0	0.0	0.1	0.0	0.1	0.0
		63	工矿	43.6	0.2	56.9	0.3	50.8	0.2
			合计	1 222.1	5.9	1 263.0	6.1	1 278.5	6.2
9	裸地	91	裸地	91.5	0.4	92.0	0.4	91.2	0.4
			合计	91.5	0.4	92.0	0.4	91.2	0.4

2. 生态系统类型转移方向

由图 8-15、图 8-16、表 8-30、表 8-31 可以看出,河南省淮河源国家级生态功能保护区 2000～2010 年 10 年间生态系统类型的转换中灌丛和耕地的变化较为剧烈,其中灌丛中有 591.1 km² 变成了森林,1.4 km² 变成草地,21.9 km² 变成耕地,0.1 km² 和 0.2 km² 分别变成了湿地和城镇用地,耕地中有 8.5 km² 变成了森林,20.1 km² 变成了湿地,62.2 km² 变成了城镇用地,5.7 km² 变成了草地,另外还有 0.4 km² 和 0.1 km² 分别变成了灌丛和裸地。

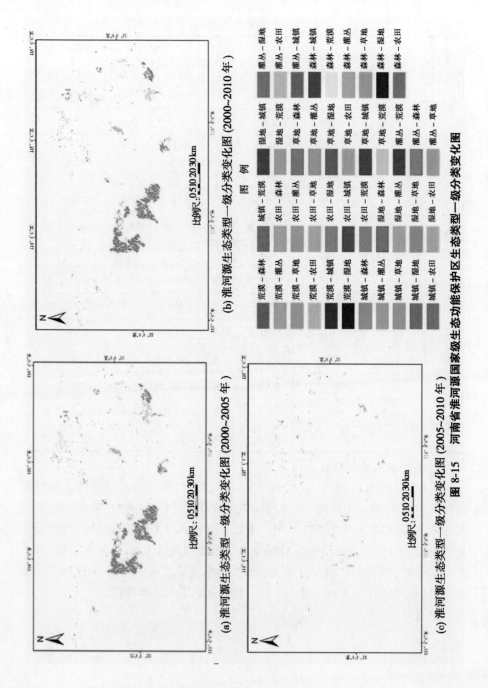

(a) 淮河源生态类型一级分类变化图 (2000~2005 年)

(b) 淮河源生态类型一级分类变化图 (2000~2010 年)

(c) 淮河源生态类型一级分类变化图 (2005~2010 年)

图 8-15　河南省淮河源国家级生态功能保护区生态类型一级分类变化图

图　例

荒漠 - 森林	城镇 - 荒漠	湿地 - 荒漠	灌丛 - 湿地
荒漠 - 灌丛	农田 - 森林	湿地 - 城镇	灌丛 - 农田
荒漠 - 草地	农田 - 灌丛	草地 - 森林	灌丛 - 城镇
荒漠 - 农田	农田 - 草地	草地 - 灌丛	森林 - 荒漠
荒漠 - 城镇	农田 - 湿地	草地 - 湿地	森林 - 灌丛
荒漠 - 湿地	农田 - 城镇	灌丛 - 荒漠	森林 - 草地
城镇 - 森林	农田 - 荒漠	灌丛 - 森林	森林 - 湿地
城镇 - 灌丛	湿地 - 森林	灌丛 - 草地	森林 - 农田

比例尺：0 5 10 20 30km

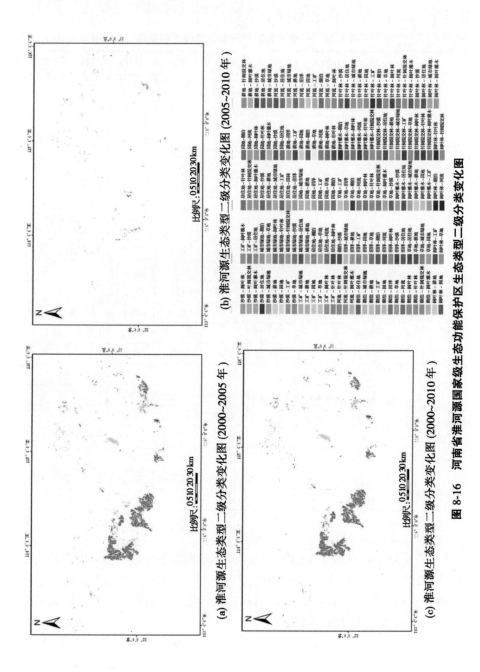

(a) 淮河源生态类型二级分类变化图 (2000~2005 年)

(b) 淮河源生态类型二级分类变化图 (2005~2010 年)

(c) 淮河源生态类型二级分类变化图 (2000~2010 年)

图 8-16　河南省淮河源国家级生态功能保护区生态类型二级分类变化图

表 8-30 　一级生态系统分布与构成转移矩阵 （单位:km²）

年份	类型	森林	灌丛	草地	湿地	耕地	城镇	裸地
2000~2005	森林	3 115.2			0.1	12.9	0.1	
	灌丛	590.8	1 218.5	0.8	0.1	21.9	0.2	—
	草地			15.3	—		0.1	
	湿地		0.2	—	504.7	30.4	0.2	0.7
	耕地	9.7	1.9		26.9	13 816.1	65.3	0.3
	城镇	0.4			0.1	24.4	1 197.1	
	裸地			—	0.1	0.4		91.0
2000~2010	森林	3 115.3	0.1		0.1	2.7	10.2	
	灌丛	591.1	1 217.7	1.4	0.1	21.9	0.2	—
	草地			15.4	—		0.1	—
	湿地		0.2		532.4	3.5	0.1	
	耕地	8.5	0.4	5.7	20.1	13 823.2	62.2	0.1
	城镇					16.4	1 205.7	
	裸地			—		0.4		91.1
2005~2010	森林	3 713.8		—		1.8	0.5	—
	灌丛	0.3	1 218.3	0.6	—	1.4		
	草地			16.2				
	湿地		—		522.8	9.0	0.1	0.1
	耕地	0.7	0.1	5.7	29.1	13 844.6	25.9	
	城镇	0.1			0.1	11.0	1 251.9	
	裸地		—	—		0.7	0.2	91.1

3. 生态系统类型转换特征

由表8-32~表8-35可知,10年间河南省淮河源国家级生态功能保护区在2000~2005、2005~2010年、2000~2010年三个时间段内生态系统综合动态度(EC)分别为3.8、0.4、3.6,2005~2010年一级生态系统综合动态度大幅度减少,生态类型变化得剧烈程度降低。10年间河南省淮河源国家级生态功能保护区在2000~2005年、2005~2010年、2000~2010年三个时间段内一级生态系统动态类型相互转化强度($LCCI$)分别为1.0、0.3、0.9,表明2005~2010年相比2000~2005年土地覆被类型转换强度减弱。

表 8-31　二级生态系统分布与构成转移矩阵

（单位：km²）

年份	类型	阔叶林	针叶林	针阔混交林	稀疏林	阔叶灌丛	草地	沼泽	湖泊	河流	耕地	园地	居住地	城市绿地	工矿	裸地
2000~2005	阔叶林	1 587.7	0.0	0.0	0.0	0.0	0.0	0.0	0.0	0.0	12.8	—	0.1	—	0.1	0.0
	针叶林	1.4	1 135.0	0.0	—	0.0	—	—	0.1	0.0	0.1	—	0.0	—	0.0	—
	针阔混交林	10.4	0.0	210.9	—	0.0	—	—	0.0	—	0.0	—	0.0	—	0.0	—
	稀疏林	568.8	21.8	—	169.6	0.0	—	—	0.0	0.0	0.0	—	0.0	—	—	—
	阔叶灌丛	0.0	0.0	0.1	—	1 218.5	0.8	—	0.1	0.0	21.9	—	0.2	—	0.0	—
	草地	0.0	0.0	—	—	0.0	15.3	—	—	0.0	0.0	—	0.0	0.1	—	—
	沼泽	—	—	—	—	—	—	8.6	0.0	—	—	—	0.0	—	—	—
	湖泊	0.0	0.0	0.0	—	0.2	—	0.0	316.9	0.0	21.0	—	0.1	—	0.0	—
	河流	—	0.0	0.0	0.0	0.0	—	0.0	0.0	179.1	9.4	—	0.0	—	0.1	0.7
	耕地	8.6	1.1	0.0	0.0	1.9	0.0	0.3	25.7	0.9	13808.4	—	52.9	0.0	12.4	0.3
	园地	—	—	—	—	—	—	—	—	—	0.0	7.8	0.0	—	—	—
	居住地	0.4	0.0	0.0	0.0	0.0	0.0	0.0	0.1	0.0	23.4	0.0	1 152.8	0.0	1.8	0.0
	城市绿地	—	—	—	—	—	—	—	—	—	—	—	—	—	—	—
	工矿	—	—	—	—	—	—	—	0.0	0.0	1.0	—	0.0	—	42.5	0.0
	裸地	—	0.0	0.0	—	0.0	—	—	—	0.1	0.4	—	0.0	—	0.0	91.0

年份	类型	阔叶林	针叶林	针阔混交林	稀疏林	阔叶灌丛	草地	沼泽	湖泊	河流	耕地	园地	居住地	城市绿地	工矿	裸地
2000～2010	阔叶林	1 587.8	0.0	0.0	0.0	0.0	0.0	—	0.0	0.0	2.7	0.0	10.1	—	0.0	0.0
	针叶林	1.4	1 135.0	0.0	—	0.0	—	—	0.1	0.0	0.1	—	0.0	—	0.0	—
	针阔混交林	10.4	0.0	210.9	—	0.0	—	—	0.0	—	0.0	—	0.0	—	0.0	—
	稀疏林	0.5	—	—	169.1	0.0	—	—	0.0	—	0.0	—	0.0	—	—	—
	阔叶灌丛	568.8	22.1	0.1	—	1 217.7	1.4	—	0.1	0.0	21.9	—	0.2	0.1	0.0	0.2
	草地	0.0	0.0	—	—	0.0	15.4	—	—	0.1	0.1	—	0.0	—	—	0.0
	沼泽	—	—	—	—	—	—	8.5	0.0	0.0	3.3	—	0.0	—	—	—
	湖泊	0.0	0.0	0.0	—	0.2	0.0	0.0	334.6	0.0	0.0	—	0.1	—	0.0	0.0
	河流	0.0	0.0	0.0	—	0.0	—	0.0	0.0	189.3	0.1	—	0.0	—	0.0	—
	耕地	6.7	1.7	0.0	0.0	0.4	5.7	0.0	19.7	0.4	13815.4	—	54.9	0.0	7.3	0.1
	园地	—	—	—	—	—	—	—	—	—	—	7.8	0.0	—	—	—
	居住地	0.0	0.0	0.0	0.0	0.0	0.0	0.0	0.0	0.0	16.3	0.0	1 162.1	0.0	0.0	0.0
	城市绿地	—	—	—	—	—	—	—	—	—	0.0	—	—	—	—	—
	工矿	—	—	—	—	—	—	—	—	—	43.6	—	—	—	43.6	0.0
	裸地	—	0.0	0.0	—	0.0	—	0.0	0.0	0.0	0.4	—	0.0	—	0.0	91.1

年份	类型	阔叶林	针叶林	针阔混交林	稀疏林	阔叶灌丛	草地	沼泽	湖泊	河流	耕地	园地	居住地	城市绿地	工矿	裸地
2005～2010	阔叶林	2 175.1	0.0	—	—	0.0	—	—	0.0	—	1.8	—	0.5	—	—	—
	针叶林	0.0	1 158.0	0.0	—	0.0	—	—	0.0	—	0.0	—	0.0	—	—	—
	针阔混交林	0.0	0.0	211.1	—	0.0	—	—	—	—	—	—	—	—	—	—
	稀疏林	0.5	—	—	169.1	—	—	—	—	—	0.0	—	0.0	—	—	—
	阔叶灌丛	0.0	0.3	—	—	1 218.3	0.6	—	—	—	1.4	—	0.0	—	—	—
	草地	—	—	—	—	—	16.2	—	—	—	—	—	0.0	—	—	—
	沼泽	0.0	—	—	—	—	—	8.5	—	—	0.4	—	0.0	—	0.0	—
	湖泊	—	—	—	—	—	—	—	334.7	0.0	8.1	—	0.1	—	—	0.1
	河流	0.0	0.6	—	0.0	0.1	5.7	—	0.0	179.5	0.5	—	0.0	—	1.7	0.0
	耕地	0.0	0.0	—	—	0.0	—	—	19.8	9.3	13 836.9	0.0	24.1	—	—	—
	园地	—	—	—	—	—	0.0	—	—	—	—	7.8	—	—	—	—
	居住地	—	0.0	—	—	0.0	—	—	0.0	0.0	7.8	—	1 197.8	—	0.4	—
	城市绿地	—	—	—	—	—	—	—	—	—	—	—	—	0.1	—	—
	工矿	0.1	—	—	—	—	—	—	0.0	0.1	3.2	—	4.9	—	48.6	0.0
	裸地	—	—	—	—	—	—	—	—	0.7	0.2	—	0.0	—	—	91.1

表 8-32　一级综合生态系统动态度　　　　　　　　　　（%）

综合生态系统动态度	2000~2005 年	2000~2010 年	2005~2010 年
EC	3.8	3.6	0.4

表 8-33　二级综合生态系统动态度(%)

综合生态系统动态度	2000~2005 年	2000~2010 年	2005~2010 年
EC	3.9	3.7	0.5

表 8-34　一级生态系统动态类型相互转化强度(%)

类型相互转化强度	2000~2005 年	2000~2010 年	2005~2010 年
LCCI	1.0	0.9	0.3

表 8-35　一级生态系统类型相互转化强度(%)

年份	类型	森林	灌丛	草地	湿地	耕地	城镇	裸地
2000~2005	森林	83.83	0.00	0.00	0.02	0.09	0.01	0.00
	灌丛	15.90	99.83	5.23	0.01	0.16	0.01	—
	草地	0.00	0.00	94.48	—	0.00	0.01	
	湿地	0.00	0.01	—	94.86	0.22	0.02	0.80
	耕地	0.26	0.15	0.04	5.06	99.35	5.17	0.35
	城镇	0.01	0.00	0.25	0.02	0.18	94.78	0.00
	裸地	0.00	0.00	—	0.03	0.00	0.00	98.84
2000~2010	森林	83.86	0.00	0.00	0.02	0.02	0.80	0.00
	灌丛	15.91	99.94	6.42	0.01	0.16	0.01	—
	草地	0.00	0.00	68.15	—	0.00	0.01	
	湿地	0.00	0.01	—	96.32	0.03	0.01	0.01
	耕地	0.23	0.04	25.44	3.64	99.68	4.86	0.15
	城镇	0.00	0.00	0.00	0.00	0.12	94.31	0.00
	裸地	0.00	0.00	—	0.01	0.00	0.00	99.84

年份	类型	森林	灌丛	草地	湿地	耕地	城镇	裸地
	森林	99.97	0.00	—	0.00	0.01	0.04	—
	灌丛	0.01	99.99	2.65	—	0.01	0.00	—
	草地	—	—	71.90	—	—	0.00	—
2005~2010	湿地	0.00	—	—	94.58	0.07	0.01	0.12
	耕地	0.02	0.01	25.43	5.26	99.83	2.03	0.00
	城镇	0.00	0.00	0.02	0.02	0.08	97.92	0.00
	裸地	—	—	—	0.13	0.00	0.00	99.88

4. 生态系统景观格局

2000年、2005年、2010年河南省淮河源国家级生态功能保护区一级、二级生态系统景观格局特征如表8-36~表8-38所示。由表8-36可以看出：2000~2010年斑块数（NP）不断减少，由2000年的26 205个减少到2010年的24 284个，10年间减少了1 921个，说明生态景观构成复杂程度在降低；平均斑块面积（MPS）2000年、2005年、2010年分别为79.17 hm²、84.42 hm²、85.43 hm²，10年间增加了6.26，增长了7.91%，说明河南省淮河源国家级生态功能保护区10年间一级分类生态景观的完整性增强，破碎化程度降低。

表8-36　一级生态系统景观格局特征及其变化

年份	斑块数 NP（个）	平均斑块面积 MPS（hm²）
2000	26 205	79.17
2005	24 576	84.42
2010	24 284	85.43

2000~2010年，河南省淮河源国家级生态功能保护区一级生态类型景观共有7种景观类型。森林、草地、湿地、耕地、城镇生态系统斑块平均面积2010年与2000年比均呈增长趋势，灌丛和裸地呈降低趋势，灌丛2010年较2000年减少了15.7 km²。自然生态系统的破碎化程度总体在降低，生态系统更加趋于完整，二级生态系统斑块平均面积中森林以阔叶林变化较为明显，灌丛主要是阔叶灌丛发生变化。

表 8-37　一级生态系统类斑块平均面积

表 8-37　一级生态系统类斑块平均面积　　　　　　　　　（单位:hm²）

年份	森林	灌丛	草地	湿地	耕地	城镇	裸地
2000	32.7	47.4	19.1	10.8	100.2	13.4	12.6
2005	41.7	31.8	20.1	10.7	104.1	14.4	12.6
2010	41.8	31.7	25.6	11.2	106.7	14.9	12.5

表 8-38　二级生态系统类斑块平均面积　　　　　　　　　（单位:hm²）

类型	2000 年	2005 年	2010 年
阔叶林	52.7	91.9	92.2
针叶林	32.2	32.9	32.9
针阔混交林	14.7	14.0	13.9
稀疏林	11.3	11.3	11.3
阔叶灌丛	47.4	31.8	31.7
草地	19.1	20.1	25.6
沼泽	17.6	17.2	17.4
湖泊	8.0	8.1	8.4
河流	27.2	26.6	27.5
耕地	100.2	104.1	106.7
园地	77.5	77.5	77.5
居住地	13.4	14.3	14.8
城市绿地	0.0	2.6	2.6
工矿	12.8	16.9	16.7
裸地	12.6	12.6	12.5

8.4.2.3　质量评价

1.森林生态系统

1)森林生态系统年均叶面积指数

2000～2010 年,年均叶面积指数如表 8-39 和图 8-17 所示,河南省淮河源国家级生态功能保护区森林生态系统质量总体较好。2000～2010 年,森林生态系统质量叶面积指数较高及以上占比除 2001 年以外均保持在 90% 以上,

2010 年相对占比较低可能与当年全省大旱的气候有关,2005 年以后叶面积指数较高及以上占比维持在 95% 以上,至 2010 年叶面积指数较好级以上占比达到 97.79% 。

表 8-39　森林生态系统年均叶面积指数各等级面积与比例

年份	统计参数	低	较低	中	较高	高
2000	面积(km²)	0.375	13.937 5	209.375	495.5	2 399.625
	比例(%)	0.01	0.45	6.71	15.89	76.94
2001	面积(km²)	0.5	83.375	410.625	537.875	2 086.437 5
	比例(%)	0.02	2.67	13.17	17.25	66.90
2002	面积(km²)	0	2.875	119.437 5	387.687 5	2 608.812 5
	比例(%)	0.00	0.09	3.83	12.43	83.65
2003	面积(km²)	0.437 5	6.75	176	467.25	2 468.375
	比例(%)	0.01	0.22	5.64	14.98	79.14
2004	面积(km²)	0.312 5	3.875	119.875	389.875	2 604.875
	比例(%)	0.01	0.12	3.84	12.50	83.52
2005	面积(km²)	0.375	2.375	69.687 5	338.062 5	2 708.312 5
	比例(%)	0.01	0.08	2.23	10.84	86.84
2006	面积(km²)	0.187 5	2.312 5	98.5	404.25	2 613.562 5
	比例(%)	0.01	0.07	3.16	12.96	83.80
2007	面积(km²)	0	0.75	32.937 5	252.75	2 832.375
	比例(%)	0.00	0.02	1.06	8.10	90.82
2008	面积(km²)	0	1.812 5	77.125	335.375	2 704.5
	比例(%)	0.00	0.06	2.47	10.75	86.72
2009	面积(km²)	0	0.812 5	73.25	277.625	2 767.125
	比例(%)	0.00	0.03	2.35	8.90	88.72
2010	面积(km²)	0.5	1.5	67.062 5	304	2 745.75
	比例(%)	0.02	0.05	2.15	9.75	88.04

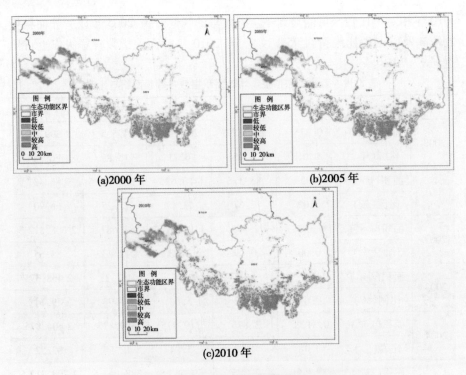

(a)2000年   (b)2005年

(c)2010年

图8-17　森林生态系统叶面积指数各等级时空分布

2）森林生态系统年叶面积指数年变异系数

由森林生态系统叶面积指数年变异系数各等级面积及比例、各等级时空分布如表8-40、图8-18所示。由表8-40、图8-18可知,河南省淮河源国家级生态功能保护区内森林生态系统年叶面积指数年变异系数主要集中在小等级上,说明2000～2010年森林生态系统年叶面积指数年内变化较小。

表8-40　森林生态系统叶面积指数年变异系数各等级面积及比例

年份	统计参数	小	较小	中	较大	大
2000	面积(km²)	3 114.88	3.94	0.00	0.00	0.00
	比例(%)	99.87	0.13	0.00	0.00	0.00
2001	面积(km²)	3 110.63	8.19	0.00	0.00	0.00
	比例(%)	99.74	0.26	0.00	0.00	0.00
2002	面积(km²)	3 118.06	0.75	0.00	0.00	0.00
	比例(%)	99.98	0.02	0.00	0.00	0.00

年份	统计参数	小	较小	中	较大	大
2003	面积(km²)	3 116.38	2.44	0.00	0.00	0.00
	比例(%)	99.92	0.08	0.00	0.00	0.00
2004	面积(km²)	3 115.75	3.06	0.00	0.00	0.00
	比例(%)	99.90	0.10	0.00	0.00	0.00
2005	面积(km²)	3 118.31	0.38	0.00	0.00	0.00
	比例(%)	99.99	0.01	0.00	0.00	0.00
2006	面积(km²)	3 118.25	0.44	0.00	0.00	0.00
	比例(%)	99.99	0.01	0.00	0.00	0.00
2007	面积(km²)	3 118.75	0.06	0.00	0.00	0.00
	比例(%)	100.00	0.00	0.00	0.00	0.00
2008	面积(km²)	3 115.75	3.06	0.00	0.00	0.00
	比例(%)	99.90	0.10	0.00	0.00	0.00
2009	面积(km²)	3 118.56	0.25	0.00	0.00	0.00
	比例(%)	99.99	0.01	0.00	0.00	0.00
2010	面积(km²)	3 118.25	0.38	0.19	0.00	0.00
	比例(%)	99.98	0.01	0.01	0.00	0.00

2. 灌丛生态系统质量

1) 年均叶面积指数

2000~2010 年,年均叶面积指数各等级空间分布与面积结果如表 8-41 和图 8-19 所示。河南省淮河源国家级生态功能保护区内灌丛生态系统质量总体较好,2000~2010 年,全省森林生态系统叶面积指数较高及以上占比呈现波动增长趋势,生态系统年均叶面积指数较高及以上占比面积除 2001 年外均保持在 90% 以上,2001 年较高以上面积占比为 83%,可能与当年河南全省的干旱天气有关,2005~2010 年,年均叶面积指数较高面积占比增长较快,至 2010 年叶面积指数较高及以上占比达到了 95.08%。

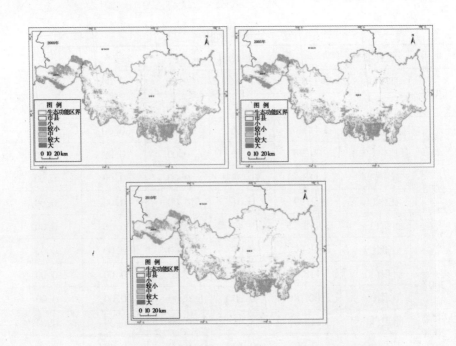

图 8-18　森林生态系统叶面积指数年变异系数各等级时空分布

表 8-41　灌丛生态系统质量年均叶面积指数各等级面积与比例

年份	统计参数	低	较低	中	较高	高
2000	面积(km²)	0.25	10.187 5	164.437 5	241.937 5	1 411.812 5
	比例(%)	0.01	0.56	8.99	13.23	77.21
2001	面积(km²)	0.187 5	63.562 5	247.125	289.312 5	1 228.437 5
	比例(%)	0.01	3.48	13.51	15.82	67.18
2002	面积(km²)	0.125	2.812 5	119.812 5	207.75	1 498.125
	比例(%)	0.01	0.15	6.55	11.36	81.93
2003	面积(km²)	0.25	6	145.75	237.875	1 438.75
	比例(%)	0.01	0.33	7.97	13.01	78.68
2004	面积(km²)	0.125	5.437 5	111.812 5	209.875	1 501.375
	比例(%)	0.01	0.30	6.11	11.48	82.10
2005	面积(km²)	0.125	2.875	78.375	198.687 5	1 548.562 5
	比例(%)	0.01	0.16	4.29	10.87	84.68

年份	统计参数	低	较低	中	较高	高
2006	面积(km²)	0.062 5	2.062 5	79.937 5	227.25	1 519.312 5
	比例(%)	0.00	0.11	4.37	12.43	83.08
2007	面积(km²)	0	0.437 5	46.437 5	175.562 5	1 606.187 5
	比例(%)	0.00	0.02	2.54	9.60	87.84
2008	面积(km²)	0.062 5	2.125	83.187 5	197.312 5	1 545.937 5
	比例(%)	0.00	0.12	4.55	10.79	84.54
2009	面积(km²)	0	1.812 5	91.875	148.937 5	1 586
	比例(%)	0.00	0.10	5.02	8.14	86.73
2010	面积(km²)	0.062 5	1.5	88.375	172.125	1 566.562 5
	比例(%)	0.00	0.08	4.83	9.41	85.67

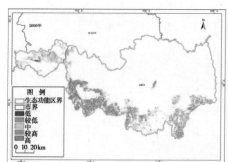
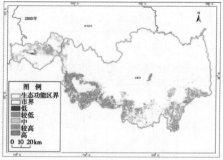
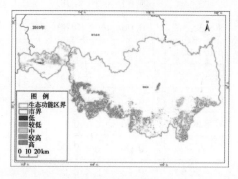

图 8-19　灌丛生态系统叶面积指数各等级时空分布

2)年叶面积指数年变异系数

由灌丛生态系统叶面积指数年变异系数各等级面积及比例、各等级时空分布见表8-42、图8-20。由表8-42、图8-20可知,河南省淮河源国家级生态功能保护区内灌丛生态系统年叶面积指数年变异系数主要集中在小等级上,说明2000~2010年灌丛生态系统年叶面积指数年内变化较小。

表8-42 灌丛生态系统叶面积指数年变异系数各等级面积及比例

年份	统计参数	小	较小	中	较大	大
2000	面积(km²)	1 827.75	0.88	0.00	0.00	0.00
	比例(%)	99.95	0.05	0.00	0.00	0.00
2001	面积(km²)	1 822.63	6.00	0.00	0.00	0.00
	比例(%)	99.67	0.33	0.00	0.00	0.00
2002	面积(km²)	1 828.50	0.13	0.00	0.00	0.00
	比例(%)	99.99	0.01	0.00	0.00	0.00
2003	面积(km²)	1 828.13	0.44	0.00	0.00	0.00
	比例(%)	99.98	0.02	0.00	0.00	0.00
2004	面积(km²)	1 827.63	0.94	0.00	0.00	0.00
	比例(%)	99.95	0.05	0.00	0.00	0.00
2005	面积(km²)	1 828.63	0.00	0.00	0.00	0.00
	比例(%)	100.00	0.00	0.00	0.00	0.00
2006	面积(km²)	1 828.56	0.06	0.00	0.00	0.00
	比例(%)	100.00	0.00	0.00	0.00	0.00
2007	面积(km²)	1 828.56	0.06	0.00	0.00	0.00
	比例(%)	100.00	0.00	0.00	0.00	0.00
2008	面积(km²)	1 826.50	2.13	0.00	0.00	0.00
	比例(%)	99.88	0.12	0.00	0.00	0.00
2009	面积(km²)	1 828.63	0.00	0.00	0.00	0.00
	比例(%)	100.00	0.00	0.00	0.00	0.00
2010	面积(km²)	1 828.50	0.13	0.00	0.00	0.00
	比例(%)	99.99	0.01	0.00	0.00	0.00

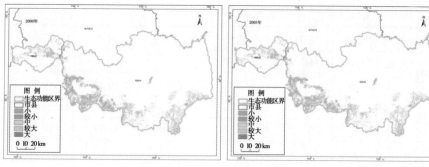

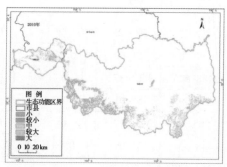

图 8-20　灌丛生态系统叶面积指数年变异系数各等级时空分布

3. 湿地生态系统

1）年均净初级生产力

2000～2010 年年均净初级生产力各等级空间分布与面积统计结果如表 8-43 所示,河南省淮河源国家级生态功能保护区内湿地生态系统年均净初级生态力主要处于较低级以下,说明湿地生态系统质量整体水平不高,但 2000～2010 年,湿地生态系统质量有变好趋势,表现在低级的面积占比在减少,较低级面积占比呈增加趋势。如表 8-44 所示,2000～2010 年湿地生态系统净初级生产力数量呈现波动增长趋势,2000 年、2005 年、2010 年湿地生态系统净初级生产力年总量分别为 2 718.50 t、3 539.18 t、3 504.84 t。湿地生态系统年均净初级生产力各等级时空分布见图 8-21。

表 8-43　湿地生态系统年均净初级生产力各等级面积及比例

年份	统计参数	低	较低	中	较高	高
2000	面积(km²)	373.562 5	165.5	0	0	0
	比例(%)	69.30	30.70	0.00	0.00	0.00

年份	统计参数	低	较低	中	较高	高
2001	面积(km²)	314.625	224.437 5	0	0	0
	比例(%)	58.37	41.63	0.00	0.00	0.00
2002	面积(km²)	150.5	388.562 5	0	0	0
	比例(%)	27.92	72.08	0.00	0.00	0.00
2003	面积(km²)	361.875	177.187 5	0	0	0
	比例(%)	67.13	32.87	0.00	0.00	0.00
2004	面积(km²)	205.25	333.25	0.562 5	0	0
	比例(%)	38.08	61.82	0.10	0.00	0.00
2005	面积(km²)	188.625	350.437 5	0	0	0
	比例(%)	34.99	65.01	0.00	0.00	0.00
2006	面积(km²)	263.75	275.312 5	0	0	0
	比例(%)	48.93	51.07	0.00	0.00	0.00
2007	面积(km²)	174.375	364.687 5	0	0	0
	比例(%)	32.35	67.65	0.00	0.00	0.00
2008	面积(km²)	231.687 5	307.375	0	0	0
	比例(%)	42.98	57.02	0.00	0.00	0.00
2009	面积(km²)	252.125	286.937 5	0	0	0
	比例(%)	46.77	53.23	0.00	0.00	0.00
2010	面积(km²)	166.062 5	373	0	0	0
	比例(%)	30.81	69.19	0.00	0.00	0.00

表 8-44　2000~2010 年湿地生态系统净初级生产力年总量

年份	2000	2001	2002	2003	2004	2005	2006	2007	2008	2009	2010
总量(t)	2 718.50	3 009.51	3 648.01	2 854.89	3 401.31	3 539.18	3 186.15	3 595.74	3 327.53	3 183.27	3 504.84

2)净初级生产力年变异系数

河南省淮河源生态功能保护区内湿地生态系统净初级生产力指数年变异系数主要集中在小和较小的等级上,说明 2000~2010 年湿地生态系统年内变化较小。2000 年、2005 年、2010 年湿地生态系统净初级生产力年均变异系数

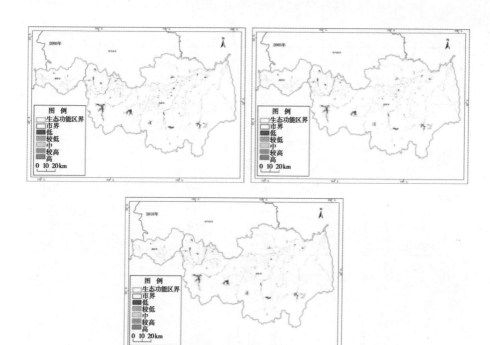

图8-21　湿地生态系统年均净初级生产力各等级时空分布

分别为 0.175 3% 、0.149 9% 、0.151 5% ，呈降低趋势。具体见表 8-45、图 8-22、表 8-46。

表8-45　湿地生态系统净初级生产力年变异系数各等级面积及比例

年份	统计参数	小	较小	中	较大	大
2000	面积(km²)	535.25	0.56	0.00	0.00	0.00
	比例(%)	99.90	0.10	0.00	0.00	0.00
2001	面积(km²)	538.25	0.63	0.00	0.00	0.00
	比例(%)	99.88	0.12	0.00	0.00	0.00
2002	面积(km²)	539.00	0.06	0.00	0.00	0.00
	比例(%)	99.99	0.01	0.00	0.00	0.00
2003	面积(km²)	539.06	0.00	0.00	0.00	0.00
	比例(%)	100.00	0.00	0.00	0.00	0.00
2004	面积(km²)	538.75	0.31	0.00	0.00	0.00
	比例(%)	99.94	0.06	0.00	0.00	0.00
2005	面积(km²)	539.06	0.00	0.00	0.00	0.00
	比例(%)	100.00	0.00	0.00	0.00	0.00

年份	统计参数	小	较小	中	较大	大
2006	面积(km^2)	538.25	0.75	0.00	0.00	0.00
	比例(%)	99.86	0.14	0.00	0.00	0.00
2007	面积(km^2)	538.50	0.56	0.00	0.00	0.00
	比例(%)	99.90	0.10	0.00	0.00	0.00
2008	面积(km^2)	539.06	0.00	0.00	0.00	0.00
	比例(%)	100.00	0.00	0.00	0.00	0.00
2009	面积(km^2)	539.06	0.00	0.00	0.00	0.00
	比例(%)	100.00	0.00	0.00	0.00	0.00
2010	面积(km^2)	539.06	0.00	0.00	0.00	0.00
	比例(%)	100.00	0.00	0.00	0.00	0.00

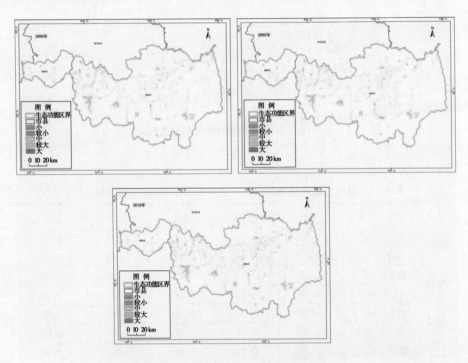

图 8-22　湿地生态系统净初级生产力年变异系数各等级

表 8-46 2000~2010 年湿地生态系统净初级生产力年均变异系数

年份	2000	2001	2002	2003	2004	2005	2006	2007	2008	2009	2010
年均变异系数(%)	0.175 3	0.165 0	0.157 3	0.171 9	0.163 5	0.149 9	0.140 9	0.135 8	0.139 7	0.150 5	0.151 5

4. 农田生态系统

1)年均净初级生产力

2000~2010 年年均净初级生产力各等级空间分布与面积统计结果如表 8-47 和图 8-23 所示,河南省淮河源国家级生态功能保护区内农田生态系统年均净初级生产力要处于较低级以下,说明农田生态系统质量整体水平不高,但 2000~2010 年,农田生态系统质量有变好趋势,表现在低级的面积占比在减少,较低级面积占比呈增加趋势,到 2010 年低级面积占比已经低于 5%。

表 8-47 耕地生态系统年均净初级生产力各等级面积及比例

年份	统计参数	低	较低	中	较高	高
2000	面积(km²)	3 805.625	10 120.812 5	0.937 5	0	0
	比例(%)	27.32	72.67	0.01	0.00	0.00
2001	面积(km²)	3 614.687 5	10 312	0.687 5	0	0
	比例(%)	25.95	74.04	0.00	0.00	0.00
2002	面积(km²)	438.437 5	13 488.812 5	0.125	0	0
	比例(%)	3.15	96.85	0.00	0.00	0.00
2003	面积(km²)	4 796	9 131.375	0	0	0
	比例(%)	34.44	65.56	0.00	0.00	0.00
2004	面积(km²)	716.312 5	13 202.937 5	8.125	0	0
	比例(%)	5.14	94.80	0.06	0.00	0.00
2005	面积(km²)	351	13 576.312 5	0.062 5	0	0
	比例(%)	2.52	97.48	0.00	0.00	0.00
2006	面积(km²)	2 427.062 5	11 499.437 5	0.875	0	0
	比例(%)	17.43	82.57	0.01	0.00	0.00
2007	面积(km²)	636.125	13 290.25	1	0	0
	比例(%)	4.57	95.43	0.01	0.00	0.00
2008	面积(km²)	2 936	10 991.25	0.125	0	0
	比例(%)	21.08	78.92	0.00	0.00	0.00
2009	面积(km²)	1 520.875	12 406.375	0.125	0	0
	比例(%)	10.92	89.08	0.00	0.00	0.00
2010	面积(km²)	666.312 5	13 261.062 5	0	0	0
	比例(%)	4.78	95.22	0.00	0.00	0.00

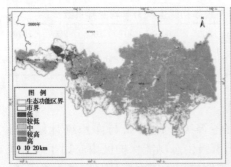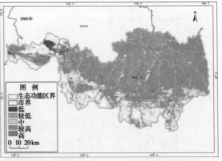

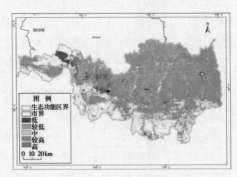

图 8-23　耕地生态系统年均净初级生产力各等级时空分布

2)净初级生产力年变异系数

南水北调中线工程源头生态功能保护区内耕地生态系统质量净初级生产力年变异系数主要集中在小的等级上,说明 2000~2010 年耕地生态系统质量年内变化较小,见表 8-48、表 8-49、图 8-24。

表 8-48　耕地生态系统净初级生产力年变异系数各等级面积及比例

年份	统计参数	小	较小	中	较大	大
2000	面积(km²)	13 927.38	0.00	0.00	0.00	0.00
	比例(%)	100.00	0.00	0.00	0.00	0.00
2001	面积(km²)	13 927.38	0.00	0.00	0.00	0.00
	比例(%)	100.00	0.00	0.00	0.00	0.00
2002	面积(km²)	13 927.38	0.00	0.00	0.00	0.00
	比例(%)	100.00	0.00	0.00	0.00	0.00

年份	统计参数	小	较小	中	较大	大
2003	面积(km²)	13 927.38	0.00	0.00	0.00	0.00
	比例(%)	100.00	0.00	0.00	0.00	0.00
2004	面积(km²)	13 927.38	0.00	0.00	0.00	0.00
	比例(%)	100.00	0.00	0.00	0.00	0.00
2005	面积(km²)	13 927.38	0.00	0.00	0.00	0.00
	比例(%)	100.00	0.00	0.00	0.00	0.00
2006	面积(km²)	13 927.38	0.00	0.00	0.00	0.00
	比例(%)	100.00	0.00	0.00	0.00	0.00
2007	面积(km²)	13 927.38	0.00	0.00	0.00	0.00
	比例(%)	100.00	0.00	0.00	0.00	0.00
2008	面积(km²)	13 927.38	0.00	0.00	0.00	0.00
	比例(%)	100.00	0.00	0.00	0.00	0.00
2009	面积(km²)	13 927.38	0.00	0.00	0.00	0.00
	比例(%)	100.00	0.00	0.00	0.00	0.00
2010	面积(km²)	13 927.38	0.00	0.00	0.00	0.00
	比例(%)	100.00	0.00	0.00	0.00	0.00

表 8-49　2000～2010 年耕地生态系统净初级生产力年均变异系数

年份	2000	2001	2002	2003	2004	2005	2006	2007	2008	2009	2010
年均变异系数(%)	0.154 1	0.146 9	0.135 3	0.149 4	0.142 7	0.131 1	0.123 1	0.114 5	0.121 9	0.138 9	0.134 2

8.4.3　生态功能保护区实施成效

8.4.3.1　南水北调中线工程源头国家级生态功能保护区(河南部分)

河南省对南水北调中线工程源头区(河南部分)生态环境保护与建设高度重视,开展了以建立自然保护区、封山育林、植树造林、治理"三废"污染等为主要内容的生态环境整治活动,并认真贯彻执行国家环保法规和政策,坚持

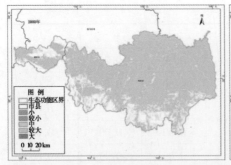
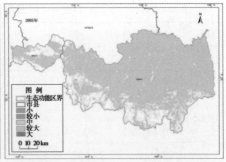
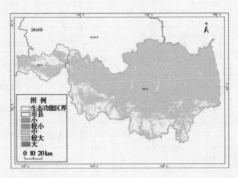

图 8-24　耕地生态系统年均净初级生产力各等级时空分布

污染防治与生态保护并重的方针,努力推行污染物总量控制和跨世纪绿色工程,使生态功能保护区内环境污染和生态退化的态势得到遏制,重点流域及城镇环境质量得到改善。

1. 生态环境区域性保护情况

为保护和改善区域生态环境,特别是重要生态系统的维护和生物多样性的保护,该区域先后建立了一批自然保护区、风景名胜区、生态示范区,采取了一系列保护珍稀濒危动植物的措施。

1) 自然保护区建设

南水北调源头区地处亚热带与暖温带季风性气候过渡地带,自然条件优越,地形地貌复杂,土壤类型丰富。植物区系在此交会类型繁多,动植物等生物物种资源丰富,生态系统类型多样。为加强"过渡带森林生态系统和珍稀野生动植物"保护,保护区域生物多样性和珍稀濒危物种,目前源头区域已建立 5 个自然保护区,其中国家级自然保护区 3 处,省级自然保护区 2 处,总面积 183 066 hm²,占规划生态功能区面积的 23%。自然保护区基本情况见表 8-50。

表8-50　南水北调中线工程源头生态功能区自然保护区现状一览表

序号	示范区名称	级别	面积（km²）	地理位置	通过时间	说明
1	南阳市内乡县	国家级	376.7	E:111°53′～112°00′, N:33°25′～33°33′	1999年	通过国家级验收
2	洛阳市栾川县	国家级	312	E:111°12′～112°02′, N:33°39′～34°11′	2000年	建设试点
3	邓州市彭桥乡	省级	32.21	E:111°38′～112°20′, N:32°22′～33°00′	2000年	建设试点
4	南阳市西峡县	国家级	3 131.56	E:111°01′～111°46′, N:33°05′～33°48′	2002年	建设试点
5	南阳市淅川县	国家级	2 821.46	E:110°58′～111°53′, N:32°55′～33°23′	2002年	建设试点
6	三门峡市卢氏县	国家级	1 238.2	E:110°34′～111°34, N:33°32′～34°23′	2004年	建设试点

2）风景名胜区建设

1994年由淅川县政府在淅川丹江口水库建成丹江风景名胜区1处,属省级风景名胜区,湿地生态系统总面积70 hm²。同年,河南省政府批准设立了栾川老君山—鸡冠洞省级风景名胜区,景区面积10 km²。

2. 森林的保护和建设

加强森林保护,是实施自然生态环境保护的重要环节。功能区地处北亚热带向暖温带过渡地带,区内群山连绵,山峦叠翠,森林资源丰富。历史上的南水北调中线工程源头生态功能保护区是一个森林茂密、生态系统优良的地方。但随着历史变迁,森林也逐步演变。由于过量采伐、战乱频繁和外国入侵者的大肆掠夺,至中华人民共和国成立前夕,原始森林已所剩无几,天然次生林也仅剩约506.70万亩,大部分变成天然牧草地。中华人民共和国成立后,保护现有森林资源得到政府高度重视,从1953年以来,该区域相继建立了西峡黄石庵林场、烟镇林场、国有木寨林场、淅川荆关林场等4个国有林场,总面积33 570 hm²;建成省级以上森林公园4处,分别是西峡寺山森林公园、淅川上寺森林公园、栾川倒回沟森林公园和卢氏玉皇山森林公园,总面积14 148

hm^2;人工种植森林面积 54 933 hm^2。另外,也加强了天然草地区域保护,减少人为破坏,使其自然演进成森林生态系统。

根据第五次森林资源普查,生态功能保护区有林业用地 563 087.56 hm^2,有林地 446 226.96 hm^2,占林业用地的 79.2%;森林覆盖率 56.4%;疏林地 11 574.9 hm^2,占 2.06%;灌木林 29 740.5 hm^2,占 5.28%;未成林地 27 582.9 hm^2,占 4.90%;无林地 47 775.4 hm^2,占 8.48%。活立木蓄积量为 1 109.5 万 m^3。区系组成以油松、白桦等华北区系成分为主,兼布华中区系成分。

3. 珍稀濒危物种保护

该功能区地处南北气候过渡带,野生动植物资源十分丰富。功能区内列入国家重点保护动物共 50 余种,其中有国家一类保护动物金雕、黑鹳、金钱豹、雪豹、苏门羚等;国家二类保护动物大鲵、斑羚、水獭、红隼、麝等;列入省级重点保护动物有 20 余种,分别是三宝鸡、姬木鸟、红腹锦鸡、密狗等。列入国家重点保护珍稀濒危植物共 29 种,分别是国家二级保护植物狭叶瓶尔小草、大果青杆、连香树、秦岭冷杉、八角莲、水曲柳等;列入省级重点保护植物共 29 种,分别是三尖杉、红豆杉、紫楠、山楠、鸡麻、河南省猕猴桃、河南杜鹃等。根据珍稀濒危动植物保护的相关法规政策要求,河南省人民政府和地方人民政府已实施或采取了以下措施:

(1)建立自然保护区,实施了物种区域性隔离保护和个体特殊保护措施。

(2)严厉打击乱捕、滥杀、滥伐野生动植物的违法行为。

(3)建立生态观测站,及时掌握和消除动植物生存灾害的隐患。

(4)加强科研工作,积极与国内外科研单位联合研究动植物保护技术和手段。

(5)对单株珍稀树种实施挂牌保护。

通过以上保护措施,使动植物种群得到有效保护,而且种群数量也有所恢复和增加。

4. 农业生态保护

1)农药、化肥、农膜控制与替代

农药、化肥、农膜对促进农业增产起到了重要作用,但也是造成农村生态环境污染和生态破坏的主要因素。各级农业部门为控制农药、化肥、农膜污染问题,促进农业持续发展,主要采取了以下措施:

(1)强化执法监督,净化农资市场。

(2)指导科学施肥和倡导施用有机肥,开展秸秆还田宣传教育,推广配方施肥和平衡配套施肥技术。

（3）宣传农膜综合利用和回收理念，积极推广可降解塑膜，减少废旧塑料残留量。

目前，功能区年施用化肥折纯量 3.57 万 t，年农药使用量 275 t，年农膜使用量 700 t。农用薄膜回收率 35%，农膜残留率 5% ~ 9%。

2）畜禽养殖污染控制

据不完全统计，截止到 2007 年年底，功能区内畜禽养殖以散养为主。年产粪便污水量约 247 万 t，粪便综合处理率 60%，畜禽粪便资源化利用水平较低。

3）秸秆综合利用和能源结构调整

秸秆利用为宝，焚烧为害，首先要做到禁烧，其次要更好地利用。秸秆要与有机肥、沼气、饲料等结合起来，这是调整农村能源结构和控制农村污染的有效措施。首先要宣传禁烧政策，加强禁烧管理，推广利用先进技术，发挥秸秆的综合效益，目前功能区秸秆综合利用率为 25% 左右；其次要抓农村能源结构调整，重点抓沼气池、节能灶和太阳能的推广应用，尽量减少对薪柴的需求。目前，功能区节能炉灶推广比例达 70%，建沼气池 6 251 个，可再生能源占农村能源比例的 6.5%。

5. 水土保持

功能区所在地方人民政府大力开展了适度规模的水土保持综合治理工程。一是积极实施小流域治理。功能区共进行小流域治理 41 条，完成治理面积 14.79 万 hm^2，荒坡改梯田 1.276 万 hm^2，水保造林 5.493 3 万 hm^2，种草 1.32 万 hm^2，封山育林 3.684 6 万 hm^2；二是加强水保监督执法。地方政府成立了以主管领导为组长，各有关职能部门为成员的水土保持执法监督工作领导小组，共配备专兼职水保人员 70 多名，初步形成了上下联动、齐抓共管的水土保持管护网络。

6. 造林绿化

功能区地处南北过渡气候带，林业资源丰富，地理位置优越，发展林果业具有得天独厚的优势。近年来，在各地方政府的努力下，功能区森林得到快速发展，造林步伐加快。一是山区共建成有林地面积 446 226.96 hm^2，林木覆盖率 56.4%，活立木总蓄积量达 1 109.5 万 m^3，实现了有林地面积、森林覆盖率同步增长；二是平原绿化水平稳定提高，耕地林网控制率由 1996 年的 53.0% 提高到 2007 年的 80%；三是城镇绿化取得长足发展，辖区各城镇累计植树 125 万株，植草 109 万 m^2。

7. 水污染防治

为加强水源保护，河南省主要采取了以下措施：一是对污染严重的"十五

"小"企业坚决予以取缔,对规模以下的制浆造纸和小黄金选矿全部关闭,对酿造、造纸、化工等所有工业污染源实施限期治理;二是认真执行国家产业政策和建设项目"环评""三同时"制度,防止了新的污染;三是推行污染物排放总量控制和排污许可证制度;四是实施政府水环境目标责任制度;五是加大执法力度,通过严查、专项整治、执法检查、媒体监督等形式,打击并遏制了各种违法排污行为。据环境统计显示,2007年与1996年相比,功能区废水排放量削减了1 315万t,COD削减了9 967 t,河流污染负荷大幅度削减,水体水质明显好转。

8.4.3.2 河南省淮河源国家级生态功能保护区

河南省淮河源国家级生态功能保护区作为南水北调的重要水源区,该区域水资源及生物多样性的保护工作是重中之重,作为国家级生态功能保护区试点以来,针对生物多样性的保护,淮河源区域各级政府根据国家相关政策、法规,制定和实施了一系列保护规划和政策措施,多项投资工程和建设项目完成并发挥保护作用。经过长期的不懈努力,生物多样性保护工作已取得较大进展,基本保护了淮河源生态环境,维护了淮河流域生态安全。

1. 开展了生物多样性调查和研究工作

近年来,先后进行了河南鸡公山国家级自然保护区、河南董寨国家级自然保护区、河南连康山国家级自然保护区及河南淮河源自然保护区等科学考察,形成了相关动、植物区系调查名录,在鸡公山建立有生态与生物多样性监测站。

进行了农业野生植物调查。区域内重要的农业野生植物有中华猕猴桃 *Actinidia chinensis*、河南猕猴桃 *Actinidia henanensis*、刺五加 *Eleutherococcus senticosus*、木通马兜铃 *Aristolochia manshuriensis*、马蹄香 *Saruma henryi*、八角莲 *Saruma henryi*、穿龙薯蓣 *Dioscorea nipponica*、盾叶薯蓣 *Dioscorea zingiberensis*、野大豆 *Glycine soja*、甘草 *Glycyrrhiza uralensis*、莲 *Nelumbo nucifera*、金荞麦 *Fagopyrum dibotrys*、五味子 *Schisandra chinensis*、明党参 *Changium smyrnioides* 等。并对野生莲、野大豆等农业野生近缘植物进行了有效保护。

对驯养动物品种豫南黑猪、淮南麻鸭、南湾鱼开展了原产地认证,开展了白冠长尾雉 *Syrmaticus reevesii*、黄缘闭壳龟 *Cuora flavomarginata* 等珍稀动物研究。

2. 就地保护效果明显

淮河源生物多样性就地保护主要以各种类型的自然保护区、风景名胜区的方式,保护过渡带森林生态系统和湿地生态系统及其珍稀野生生物资源。淮河源区域于1998年建立了第一个国家级自然保护区——河南鸡公山国家级自然保护区,目前,已建有省级以上自然保护区 12 个(见表 8-51),其中:国家级自然保护区 3 个,省级自然保护区 9 个,保护区总面积 226 275 hm²,占淮河源区域国土面积的 10.72%。保护区内重点保护北亚热带向暖温带过渡带森林生态系统及珍稀濒危动植物。如香果树 *Emmenopterys henryi*、南方红豆杉 *Taxus chinensis var. mairei*、银杏 *Ginkgo biloba*、大别山五针松 *Pinus dabeshanensis*、白冠长尾雉 *Syrmaticus reevesii*、黄缘闭壳龟 *Cuora flavomarginata*、小灵猫 *Viverrivula indicd*、大灵猫 *Viverra zibetha*、商城肥鲵 *Pachyhynobius shangchengegnsis* 等,得到了很好的繁殖和生长,生存环境不断改善,种群数量不断增加。淮河源良好的生态环境条件,得到了国际、国内各方面的认可,国家林业局和有关国际组织把该区域确定为朱鹮野外放归的第一个试验区。

表 8-51　淮河源自然保护区概况

序号	保护区名称	地点	面积 (hm²)	类型	保护对象	级别	建区时间
1	鸡公山国家级自然保护区	浉河区	2 917	森林生态系统类型	过渡带森林生态系统及珍稀动植物	国家级	1988-01
2	河南董寨国家级自然保护区	罗山县	46 800	野生动物类型	鸟类、野生动植物	国家级	2001-06
3	新县连康山国家级自然保护区	新县	2 000	森林生态系统类型	森林生态及野生动植物	国家级	2005-06
4	商城金刚台省级自然保护区	商城县	2 972	森林生态系统类型	过渡带森林系统及珍稀动植物	省级	1982-06
5	桐柏太白顶省级自然保护区	桐柏县	4 924	森林生态系统类型	淮源水源涵养林及森林生态系统	省级	1982-06

序号	保护区名称	地点	面积（hm²）	类型	保护对象	级别	建区时间
6	淮滨淮南湿地省级自然保护区	淮滨县	3 400	湿地及水域生态类型	湿地及野生动植物	省级	2001-12
7	信阳天目山自然保护区	平桥区	6 750	森林生态系统类型	森林生态等	省级	2001-12
8	商城鲶鱼山省级自然保护区	商城县	5 805	湿地及水域生态类型	湿地及野生动植物	省级	2001-12
9	信阳黄缘闭壳龟省级自然保护区	浉河区、罗山县、新县、商城县、固始县	123 260	野生动物类型	黄缘闭壳龟及其生境	省级	2004-02
10	信阳四望山省级自然保护区	信阳市浉河区	14 000	森林生态系统类型	森林及野生动植物	省级	2004-02
11	桐柏高乐山省级自然保护区	桐柏县	9 060	森林生态系统类型	森林及野生动植物	省级	2004-02
12	固始淮河湿地自然保护区	固始县	4 387	湿地及水域生态类型	湿地及野生动植物	省级	2007-11

3. 异地保护发挥了重要作用

利用植物园或树木园已在植物多样性保护方面发挥了有效作用。在河南鸡公山国家级自然保护区建立有大型植物园，引入珙桐 *Davidia involucrata*、秃

杉 *Taiwania flousiana*、福建柏 *Fokienia hodginsii*、鹅掌楸 *Ciriodendron chinease*等珍稀植物,生长状况良好,使珍稀植物得到很好的保护。

在野生动物的迁地保护方面建立有朱鹮 *Nipponia nippon* 野外放飞基地,白冠长尾雉 *Syrmaticus reevesii* 人工繁育研究基地,黄缘闭壳龟 *Cuora flavomarginata* 人工养殖繁育基地。

4. 开发利用成效显著

充分利用当地丰富的野生生物资源,为当地经济发展及农民脱贫致富做贡献,是保护利用生物多样性的目的和归宿,是可持续发展的必由之路。当地政府和人民群众在保护生物资源的同时,开发利用优良资源为经济建设服务。已开发利用的野生生物资源有:野生植物油茶 *Camellia oleifera*、野葛 *Pueraria lobata*、野生兰花 *Cymbidium spp.* 及大量野生中药材;驯化动物有固始鸡、豫南黑猪、淮南麻鸭等。

8.5 小 结

(1)南水北调中线工程源头国家级生态功能保护区(河南部分)。

南水北调中线工程源头国家级生态功能保护区生态系统类型主要以森林、灌丛和耕地为主,占总面积的 90% 左右。2000～2010 年 10 年间生态系统类型的转变以湿地生态系统为最大。2005～2010 年一级生态系统综合动态度大幅度减少,生态类型变化的剧烈程度降低。2005～2010 年相比 2000～2005 年土地覆被类型有大幅度的好转。2000～2010 年斑块数(*NP*)不断减少,生态景观构成复杂程度在降低,平均斑块面积 10 年间增加了 3.94,增长了 4.58%,10 年间一级分类生态景观的完整增强,破碎化程度降低。

南水北调中线工程源头国家级生态功能保护区森林和灌丛生态系统质量总体较好。2000～2010 年,生态系统叶面积指数主要为较好级以上,生态系统质量年内变化较小,叶面积指数年变异系数主要集中在小等级上。南水北调中线工程源头国家级生态功能保护区内湿地和耕地生态系统年均净初级生产力主要处于较低级以下,生态系统质量整体水平不高,但 2000～2010 年,生态系统质量有变好趋势,表现在低级面积占比在减少,较低级面积占比呈增加趋势,生态系统质量年内变化较小,净初级生产力指数年变异系数主要集中在小和较小的等级上。

总之,南水北调中线工程源头国家级生态功能保护区内随着社会经济的发展,人类活动胁迫成增长趋势,但是随着人们生态意识的增强及生态功能保护区工作的实施,整体生态系统的格局更为合理,生态质量趋好,生态服务功能进一步提高。生态功能保护区取得了很大的成效。虽然目前在该生态功能保护区内还存在一定的生态破坏和退化的问题,但是随着生态保护工作的进一步开展,南水北调中线工程源头国家级生态功能保护区的生态环境质量将得到进一步的改善。

(2)河南省淮河源国家级生态功能保护区。

河南省淮河源国家级生态功能保护区生态系统类型主要以森林、灌丛和耕地为主,占总面积的90%左右。2000~2010年10年间生态系统类型的转换中灌丛和耕地的变化较为剧烈,其中灌丛中主要有591.1 km² 变成了森林,21.9 km² 变成了耕地,耕地主要有20.1 km² 变成了湿地,62.2 km² 变成了城镇用地。2005~2010年一级生态系统综合动态度大幅度减少,生态类型变化得剧烈程度降低,2005~2010年相比2000~2005年土地覆被类型有大幅度的好转。2000~2010年斑块数(NP)不断减少,生态景观构成复杂程度在降低,平均斑块面积10年间增加了6.26,增长了7.91%,10年间一级分类生态景观的完整性增强,破碎化程度降低。

河南省淮河源国家级生态功能保护区森林和灌丛生态系统质量总体较好。2000~2010年生态系统叶面积指数主要处于较好级以上,生态系统年叶面积指数年内变化较小,叶面积指数年变异系数主要集中在小等级上。河南省淮河源国家级生态功能保护区内湿地和耕地生态系统年均净初级生产力主要处于较低级以下,说明生态系统质量整体水平不高,但2000~2010年,生态系统质量有变好趋势,表现在低级面积占比在减少,较低级面积占比呈增加趋势。生态系统质量年内变化较小,净初级生产力指数年变异系数主要集中在小和较小的等级上。

总之,河南省淮河源国家级生态功能保护区内随着社会经济的发展,人类活动胁迫成增长趋势,但是随着人们生态意识的增强及生态功能保护区工作的实施,生态功能区的工作取得了一定的成效,尤其在生物多样性的保护方面。2010年较2000年,整体生态系统的格局更为合理,生态质量趋好,生态服务功能进一步提高,虽然目前在该生态功能保护区内还存在一定的生态破坏和退化的问题,但是随着生态保护工作的进一步开展,河南省淮河源国家级生态功能保护区的生态环境质量将会得到更大的提高。

第9章 生态区生态格局存在的问题及对策

9.1 存在的主要问题

9.1.1 生态区存在问题

9.1.1.1 城市化进程中社会经济发展加剧了生态环境压力

从人口、经济发展、自然生态系统构成,以及人为干扰对生态系统的影响等方面的分析发现,整个生态区区域内人为干扰最大,生态压力最显著的区域大多集中在城市市辖区及社会经济发展相对较好的县(区)。人口密度、GDP密度、植被受干扰指数、不透水地表面积占比、耕地建设用地占比等指标在区域的分布规律较为相似,在城市市辖区内指数均处于相对高的水平,其中人口密度和 GDP 密度城市市辖区是其他县(区)的数 10 倍甚至上百倍,不透水地表面积城市市辖区占整个区域不透水地表面积的近 20.00%。以往对河南省的统计分析也发现,城镇化进程加快使区内建设用地面积不断增加。由于城镇规模的扩张和工矿企业发展用地,2000~2010 年建设用地面积增加了176.30 km^2,有 93.00 km^2 的耕地和 77.20 km^2 的森林转变为建设用地。同时,对整个生态区生态格局综合分析结果也表明城市辖区内生态状况目前处于较差的境地,该区域生态压力相对较大而生态现状相对较差,人口聚集,人口与资源能源供给之间的矛盾将日益突出,建设活动频繁,人为干扰对自然生态系统的影响日益加剧,社会经济的发展尤其是工业化的发展,还会排放更多的污染物,给生态环境带来污染和破坏。本书研究结果也再次阐明了城市发展过程中社会经济的发展、人为活动的干扰在一定程度上加剧了区域生态系统的压力,打破了自然生态系统的平衡状态,对生态系统造成了一定的破坏。

9.1.1.2 整个生态区生态环境保护力度有待加强

社会经济的发展及人口的增加势必会对人们所处的生态环境产生一定的压力,但是如果采取有效的生态保护措施,不但能够减少对自然生态的破坏,同时还能够改善环境,使社会经济和生态环境能够协同发展,但如果保护力度不够,随着社会经济发展水平的提升,生态压力加剧,目前生态现状良好的区域也将会日趋变差。本书研究区域属于河南省重点生态区,生态本底值相对较好,生态区内林地生态系统的占比能达到45.00%,但是从整个区域来看,依然有超过40.00%的县(区)生态格局综合指数处于较差水平,生态响应指数整个生态区域80.00%以上的县(区)处于较差水平。这些数据表明对生态区的保护依然有待加强。本书研究从城市绿地及受保护地两个方面去探讨人类对生态系统的响应,虽然这两个指标不能代表人类对自然生态保护的全部,但能够从城市生态系统内部及自然生态系统的保护两个角度阐明一些问题。本书研究发现,整个生态区城市绿地面积占比在0.20%以下,生态区71个县(区)城市绿地面积均不超过城市面积的5.00%,而对于受保护地,整个生态区内面积占比也不超过10.00%。

以往对于河南省自然保护区的研究中表明,河南省林业系统自然保护区只有国家级和省级两个层次,自然保护区面积小,类型较少,总面积仅占全省面积的4.40%,远远低于全国15.00%的平均水平,市、县级自然保护区、自然保护小区建设严重滞后,全省仍有许多较大面积的天然林、水源涵养林、防风固沙林及湿地还未划为保护区。同时,对于现有的自然保护区,在管理机构建设方面存在部分问题,一是批而不建,个别保护区虽然已经批准建立,但是至今没有成立保护区管理机构;二是建而不管或管而不力,即有管理机构,但不履行管理职责,这个问题主要存在于保护区内对集体林(或集体所有湿地)的管理方面;三是没有建立省级自然保护区管理站这样的业务管理机构,市级除洛阳、焦作、济源建有自然保护区管理局外,其他市、县均没有自然保护区管理专门机构。因此,在对生态系统的有效保护方面,仍然时间紧迫且任重道远。

9.1.1.3 重点生态功能区生态问题依然存在

重点生态功能区作为国家和省级划定的特殊区域,在区域中承担着重要的生态服务功能,但目前生态功能区内生态问题依然存在,主要表现在以下方面:一是重点生态功能区天然林面积减少,由于历史上对天然林的砍伐破坏,许多地方森林稀少,甚至成了光山秃岭,虽然近年植树造林成绩很大,但新造林树龄小,目前功能区内林龄多为中幼龄林和低效林。树种结构单调,主要以侧柏、杉木为主,且多为纯林,林种结构森林质量和生物多样性远远不能和次生原始森林相比,土壤薄,根系浅,水源涵养有局限性,防护能力差,自我调节能力不断下降,局部地区生态系统比较脆弱。二是存在水土流失现象,由于功能区降水量相对较大,土壤呈微酸性,盐类物质淋溶速度快,土壤质地黏重,因此不存在沙漠化、盐渍化问题,土地退化主要表现为水土流失。根据全国第三次遥感调查统计,区域内年平均土壤侵蚀模数为 2 922.00 t/(km^2·a),水土流失主要发生在环库区及周边的浅山区和丘陵区,年流失量相当于 1 300.00 hm^2 耕地的活土层,流失土壤 3 156.00 万 t,流失肥力折化肥 2.07 万 t。水土流失使土壤中有机质下降,地力退化,中低产田面积扩大。同时,水土流失还造成泥沙对河道和水库的淤积,农村面源污染物转移至水体,水土流失状况呈逐步加重趋势。

9.1.2　生态功能保护区存在问题

9.1.2.1　南水北调中线工程源头国家级生态功能保护区(河南部分)

1.森林植被退化

森林覆盖度不高,还有 47 775.4 hm^2 的无林地。森林资源分布不均。长期以来,由于人们把森林作为一种自然资源对待,对森林的再生性、多功能性和更新周期长认识不足,急功近利,取之于林多,用之于林少,致使有限的森林资源分布极不合理。大部分分布在深山区的河流源头,生长量偏小,生态系统呈现结构与功能退化状态,防护效益差,而地处浅山、丘陵平原的下游地区,人口密度大,垦殖指数高,森林资源少,又多是人工幼林,不少地方地表裸露严重。生态效益低,林分质量不高,低产、低效防护林所占比重大,生产力水平低。林种结构不合理,从防护效益整体上看,防护林比例仍偏小;从林龄结构上看,幼中龄林偏多。由于营造纯林多,树种结构单一,林分自控能力差,同时由于大量施用农药造成生态失调导致森林病虫害发生,危害严重。据林业森林部门的统计,区内对森林造成灾害的病虫达 10 余种,其中以马尾松毛虫、杨树食叶害虫、栎类食叶害虫、板栗和梨等经济林病虫害为主。由于森林生态系统功能的退化,导致涵养水源能力下降,对自然环境的调节作用明显减弱,影响了区域性气候特征;水土流失加剧,水库及河流水体呈富营养化趋势。

2.存在水土流失现象

由于功能区降水量相对较大,土壤呈微酸性,盐类物质淋溶速度快,土壤质地黏重,因此不存在沙漠化、盐渍化问题,土地退化主要表现为水土流失。

根据全国第三次遥感调查统计,区域内年平均土壤侵蚀模数 2 922 t/(km^2·a),现有水土流失面积 4 143.65 km^2,占功能区土地面积的 52.4%。其中强度流失面积 521.78 km^2,中度流失面积 1 790 km^2,轻度流失面积 1 831.87 km^2,分别占流失总面积的 12.6%、43.2% 和 44.2%。水土流失主要发生在环库区及周边的浅山区和丘陵区,年流失量相当于 1 300 hm^2 耕地的活土层,流失土壤 3 156 万 t,流失肥力折化肥 2.07 万 t。水土流失使土壤中有机质下降,地力退化,中低产田面积扩大。同时,水土流失还造成泥沙对河道和水库的淤积,农村面源污染物转移至水体,水土流失状况呈逐步加重趋势。

功能区水土流失的程度,在不同地形及相同地形的不同部位存在着差别,这种差别是由各种不同的自然因素和人为因素造成的,功能区海拔 1 000 m以上的位于卢氏、栾川部分地区和西峡县北部山区,水土流失形式以面状侵蚀和滑坍侵蚀为主,属轻度水土流失。海拔 500 ~ 1 000 m 的浅山区,位于西峡县南部和淅川县西北地区、丹南山区,水土流失以面蚀和沟蚀为主,属中度水土流失。海拔在 200 ~ 500 m 的丘陵区,主要分布在丹江口库区沿岸,水土流失以沟蚀、面蚀和人为破坏为主,属中、强度水土流失,是功能区水土流失较为严重的区域。

3. 生物多样性遭到破坏

功能区地处南北气候过渡带,动植物资源丰富。兼具南北交会特点,由于自然因素影响和人为因素的不合理开发,动植物资源受到不同程度的破坏,生物多样性呈减少趋势。

由于生态环境的退化,对野生动物的偷捕、滥猎和对药用植物的过渡采掘,使功能区局部区域野生动植物的生境改变,导致野生物种的分布范围缩小,种群数量降低,一些物种逐步变为濒危物种。

由于历史上对天然林的砍伐破坏,目前功能区内林龄多为中幼龄林和低效林。树种结构单调,主要以侧柏、杉木为主,且多为纯林,植物多样性差。土壤薄,根系浅,水源涵养有局限性,防护能力差,自我调节能力不断下降。局部地区生态系统比较脆弱。

4. 水生态失衡

功能区地表水资源多年平均量为 20.3 亿 m^3,比 1985 年以前年均 24.1亿 m^3 减少 15.8%。尤其 1999 年的严重干旱造成地表水资源量锐减,大中型水库蓄水量明显减少,地下水位普遍下降。目前,在地表水利用中存在的主要问题有:一是重开发,轻保护,造成大量水资源被污染而降低了使用价值。二是重使用,轻节约。一方面,水利灌溉定额过大,造成水资源浪费;另一方面,工业用水重复利用率较低,也造成了水资源的严重浪费。

由于对地下水的过度开采,已经造成局部地下水位下降,形成地下水漏斗区和地面沉降。据调查,部分区域地下水位年均下降深度 2 ~ 200 cm,与 1986年前的平均下降 3 ~ 200 cm 基本持平,但是地面沉降面积较之前增加11.5%,危害程度明显加重。

9.1.2.2　河南省淮河源国家级生态功能保护区

区域水资源、生物资源丰富,森林覆盖率在30%以上,高于全省20%的森林覆盖率。总体生态环境好于全省平均水平,但是淮河源是淮河流域27万 m^2 和2亿多人民的水源地,对于维护和改善淮河流域、河南省乃至全国的生态环境具有重要的作用,目前这里存在天然林面积减少、水土流失严重、旱涝灾害加剧、生物资源遭到破坏等问题。

1．天然林面积减少、生物资源遭到破坏

当年是"走进大别山,百里不见天","树木参天碧水绿,山村庄户林里头",现在许多地方森林稀少,甚至成了光山秃岭。天然林面积减少原因一是历史遗留问题,中华人民共和国成立前由于战争,大面积原始森林遭到破坏;二是中华人民共和国成立后由于"大炼钢铁""以粮为纲",改革初期没有配套辅助政策的"包产到户"三次政策上的失误,造成大面积森林资源被破坏,虽然近年植树造林成效很大,但新造林树龄小,林种结构森林质量和生物多样性远远不能和次生原始森林相比,生态环境明显退化;三是人口增长、矿产开采、旅游开发等人为活动造成。

2．水旱灾、江河断流等自然灾害频繁

一是天然林面积的减少,造成水源缺乏,气候干燥,旱涝灾害频繁,几乎是连年发生;二是围湖、围湿造田,湿地面积减少。另外,在淮河源生态功能保护区有几十万个"村前明塘""田边沟堰""村边小水库",塘深3~5 m,许多和浅层地下水相通,是从不干涸的水塘,这些水塘对生活污水净化塘和防旱抗灾塘起着非常重要的作用,20世纪80年代以前,每年冬季全村集体排水清淤,80年代以后承包给个人,因为承包的人数多,且承包期短,无人清淤,这些水塘沉积了3~4 m厚的淤泥,已成为"盘子塘",抗水、抗旱能力大大下降。

3．水土流失严重

淮河源生态功能保护区水土流失面积占40%以上,土壤侵蚀以水力侵蚀为主,主要分布在西部、南部低山区,这些区域的人工林面积小,林相结构单一,水土流失最为严重;其次是一条条被淮河支流切割,被水稻土包围的丘陵岗地,土壤类型是黄褐土;再次,其他区域或者受到众多淮河支流的切割,或者为水稻土包围的丘陵岗地,地表植被稀疏,种类单一,有的为人工马尾松林,有的为茅草,有的为旱地农作物,土壤有机质含量极少,水土流失严重。

4．经济基础薄弱

淮河源生态功能保护区的经济发展在河南省和整个淮河流域比较落后,有新县、商城、信阳、罗山、淮滨、桐柏6个国家级贫困县,经济基础薄弱,县乡财力不足,第一产业比重较大。随着河南省经济的快速发展,淮河源生态功能保护区的经济发展也会步入快车道,淮河源生态功能保护区的生态环境面临着极大的挑战。

9.2 主要对策

9.2.1 合理开发利用土地

合理统筹各类建设用地,科学规划城市发展规模与布局,在城市建设中严格遵守土地利用总体规划与经济社会规划、城市发展规划、产业发展规划、生态环境保护规划多规合一,严守生态红线及耕地红线。合理构建城镇布局,在城市化进程中,一定要合理规划,完善城市布局,不盲目扩张,不侵占耕地和生态用地,使城镇化在合理有序中开展。加快资源集约节约利用,倡导绿色文明的消费方式。加强资源集约节约利用的先进技术推广应用,提高资源能源的利用率,同时,做好宣传教育,提高人们的生态文明理念,推动全社会树立和践行文明、节约、绿色、低碳、循环的消费理念,引导节约消费、适度消费,反对铺张浪费,减少人与资源、能源之间的供需矛盾。加强环境保护,改善人居环境。加强工业企业管理,确保"三同时"制度的有效开展,减少工业污染物的排放,推广绿色高效生态农业,减少农业污染,加强城市内部绿地、水系的构建,打造优美的人居环境,使城市中人与自然和谐发展。

9.2.2 完善生态修复和森林抚育管理制度

加强对现有森林的经营管理,不断提高林分质量,充分发挥森林的综合效益,对疏林地、无培育前途的林分或灾害危害严重的低质低效林进行改造,对郁闭度小于0.5的低质低效林实施封山育林,通过封禁、适当补植改造等措施,充分发挥生态系统的自我修复能力,提高林分质量。健全部分省级自然保护区的管理机构,豫西、豫北山区在有关部门内部完善自然保护区管理机构,或者成立自然保护区专门管理协调机构。要加强太行山绿化等专项资金监管,确保专款专用,市、县(区)要建立专项资金账户,严禁挪作他用。以南水北调中线工程源头国家级生态功能保护、河南省淮河源国家级生态功能保护区为重点,加强重要生态功能区的保护建设,支持核心区域的生态移民;严格执法,杜绝开采小窑、小矿,滥砍盗伐森林、超坡开荒等问题。

9.2.3 在土地保护中实施有利于生态保护的政策

加强生态地区用地保护,严禁改变生态用途的土地供应。对符合国家划拨供地目录的重要生态项目用地实行行政划拨供地,可采取分期付款的方式支付地价,使用期限内土地使用权在不改变用途的前提下可以依法继承、转让、出租和抵押。大力实施鼓励退耕还林和下山脱贫的土地优惠政策,加快退耕还林和生态移民的工作步伐。加强湿地和草地资源管理,推进湿地自然保护区建设,在各类自然保护区、森林公园和生态功能保护区中,注重对草地资源的保护和恢复;完善自然保护区基础设施,提高管护水平,深化科研监测。

9.2.4 开展生态项目延续工程

建议国家及省市尽快部署开展生态项目的延续工程,继续实施退耕还林、水土保持、天然林保护、防护林体系建设等重点生态修复工程,通过重大工程项目的实施,有效保护和改善生态区生态环境现状。

参 考 文 献

[1] 李锡伟,曲平,王刚,等.地理国情监测成果应用于黑龙江省生态文明建设的思考[J].测绘与空间地理信息,2018,41(10):67-68.

[2] 王玉训.地理国情监测数据在上海城市管理中的应用研究[J].测绘与空间地理信息,2018,41(10):126-127.

[3] 王华,史琼芳,李雪梅,等.湖北省生态地理国情监测工作现状[J].地理空间信息,2018(10):1-6.

[4] 董天,肖洋,张路,等.鄂尔多斯市生态系统格局和质量变化及驱动力[J].生态学报,2019(02):1-11.

[5] 徐子蒙,李广泳,周旭,等.基于地理国情普查成果的生态系统服务价值核算方法[J].测绘学报,2018,47(10):1396-1405.

[6] 赵培强,陈明霞.祁连山生物多样性保护优先区域生态景观格局动态变化分析[J].中国水土保持,2018(10):44-48.

[7] 贾明明.基于3s技术对地理国情监测及矿产资源的建设研究[J].世界有色金属,2018(14):129-130.

[8] 马世五,谢德体,张孝成,等.三峡库区重庆段土地生态状况时空格局演变特征[J].生态学报,2018(23):1-13.

[9] 熊长喜,窦小楠.地理国情普查成果在城市空间格局变化分析中的应用[J].测绘通报,2018(09):117-120.

[10] 王瑜,金姗姗,冯存均.结合地理国情普查成果的苕溪流域生态系统固碳释氧价值估算[J].测绘通报,2018(09):121-125.

[11] 王淼,林静静,刘博文.基于地理国情监测的城市空间扩展分析——以北京市中心城区为例[J].北京测绘,2018,32(09):1041-1045.

[12] 钟滨,张晨,廖明伟.地理国情信息支持下的鄱阳湖区生态环境评价[J].测绘与空间地理信息,2018,41(09):35-38.

[13] 李娜娜.地理国情普查数据在生态系统服务价值中的应用[J].地理空间信息,2018,16(09):38-40.

[14] 史琼芳,王华,李雪梅,等.地理国情普查成果在生态文明建设中的应用[J].地理空间信息,2018,16(09):41-47.

[15] 万智巍,连丽聪,贾玉连,等.近百年来鄱阳湖南部湿地景观生态格局演变[J].生态环境学报,2018,27(09):1682-1687.

[16] 张丽琴,渠丽萍,吕春艳,等.基于空间格局视角的武汉市土地生态系统服务价值研究[J].长江流域资源与环境,2018,27(09):1988-1997.

[17] 张永生,欧阳芳,袁哲明.华北农田生态系统景观格局的演变特征[J].生态科学, 2018,37(04):114-122.

[18] 李锐,邓立争.基于地理国情普查成果的生态退耕还林潜力分析评价[J].智能城市, 2018,4(16):88-89.

[19] 程滔.一种全国陆地生态系统服务价值的大数据计算与分析方法[J].测绘通报, 2018(08):41-46.

[20] 胡婵娟,郭雷,李双权,等.基于地理国情统计分析的生态现状评估[J].中国人口·资源与环境,2018,28(S1):76-79.

[21] 杨志广,蒋志云,郭程轩,等.基于形态空间格局分析和最小累积阻力模型的广州市生态网络构建[J].应用生态学报,2018,29(10):3367-3376.

[22] 周慧萍,王合玲,胡晶.基于GIS的地理国情监测数据统计分析[J].工程建设与设计,2018(14):274-276.

[23] 雷宇宙.基于地理国情普查成果的生态系统服务价值评估[J].地理空间信息,2018, 16(07):9-50.

[24] 向伶,瞿华蓥,段雪芹.地理国情普查技术方法研究:以鹤庆县为例[J].农技服务, 2018,35(01):101-103,106.

[25] 王建强.遥感技术在地理国情普查草地覆盖度估算中的应用[D].西安:西安建筑科技大学,2018.

[26] 项志勇,邹小玲,陈江平.结合地理国情监测的宁波市生态环境评价指标体系的构建[J].测绘通报,2018(06):98-103.

[27] 景永才,陈利顶,孙然好.基于生态系统服务供需的城市群生态安全格局构建框架[J].生态学报,2018,38(12):4121-4131.

[28] 王振波,梁龙武,方创琳,等.京津冀特大城市群生态安全格局时空演变特征及其影响因素[J].生态学报,2018,38(12):4132-4144.

[29] 金星星,陆玉麒,林金煌,等.闽三角城市群生产-生活-生态时空格局演化与功能测度[J].生态学报,2018,38(12):4286-4295.

[30] 刘华.基于地理国情监测统计方法的讨论[J].山东工业技术,2018(13):204-206.

[31] 王小攀,胡艳.基于地理国情的城市空间格局变化监测指标体系研究[J].北京测绘, 2018,32(06):650-653.

[32] 祁巍锋,董剑利.基于耗费距离模型的沿黄生态带景观格局优化[J].建筑与文化, 2018(06):112-114.

[33] 刘玉洁,禹小伟,冯梅.地理国情普查基本统计专题地图实践与探讨[J].测绘与空间地理信息,2018,41(06):135-137.

[34] 周赟,黄云.基于GIS空间分析的地理国情变化检测[J].科技资讯,2018,16(17): 69-70.

[35] 江娜.山东省地理国情信息综合统计分析技术与实现[J].山东国土资源,2018,34

(06):65-70.

[36] 黄小川,郑史芳,刘安兴.基于地理国情普查的地表覆盖监测[J].科技创新导报,
2018,15(16):85-88.

[37] 李艳红.地理国情普查数据在城市建设用地适宜性评价中的应用研究[D].武汉:武
汉大学,2018.

[38] 邹月.西安市土地利用景观格局变化的生态系统服务价值响应及优化研究[D].西
安:陕西师范大学,2018.

[39] 朱斌城.淮河生态经济带健康城镇化发展格局演化及其影响因素研究[D].徐州:江
苏师范大学,2018.

[40] 王彦军,杨月.基于地理国情普查成果的城市景观格局分析[J].现代测绘,2018,41
(02):27-30.

[41] 朱雪虹,张书亮,储征伟.地理国情地表覆盖与土地利用数据间差异性分析方法的设
计与实现[J].测绘通报,2018(03):80-83.

[42] 吴晓春,王立言,游浩妍,等.基于地理国情普查的西安市景观格局分析与评价[J].
测绘技术装备,2018,20(01):32-39.

[43] 高吉喜.区域生态学核心理论探究[J].科学通报,2018,63(08):693-700.

[44] 彭建,贾靖雷,胡熠娜,等.基于地表湿润指数的农牧交错带地区生态安全格局构
建——以内蒙古自治区杭锦旗为例[J].应用生态学报,2018,29(06):1990-1998.

[45] 孙健.基于地理国情普查成果的农田景观格局分析——以辽宁省某县为例[J].北京
测绘,2018,32(02):193-195.

[46] 王新闯,陆凤连,吴金汝,等.县域土地利用景观格局演变及其生态响应——以河南
省新郑市为例[J].中国水土保持科学,2017,15(06):34-43.

[47] 蒙晓,李菊绘,王秀霞.地统计学方法在地理国情监测中的应用[J].测绘标准化,
2017,33(04):14-16.

[48] 刘晖,唐伟,王德富.利用地理国情普查数据开展生态环境质量评价——以宜宾市为
例[J].环境与可持续发展,2017,42(06):71-74.

[49] 杜丽萍,康二梅.地理国情普查地表覆盖图斑快速综合研究[J].地理空间信息,2017
(10):44-45.

[50] 任杨,答星,张小惠,等.武汉市地理国情监测方案部署方法研究[J].测绘与空间地
理信息,2017,40(09):143-145.

[51] 饶杨莉,杨正银,杨飞等.基于地理国情普查的生态环境分析[J].测绘技术装备,
2017,19(03):28-30.

[52] 方芳,何碧波,梁思.区域地理国情综合统计分析探讨[J].地理空间信息,2017,15
(09):24-25.

[53] 周翔,罗艳青.基于地理国情数据的城市绿化覆盖分析[J].国土资源导刊,2017,14
(02):23-27.

［54］李维森.开展地理国情常态化监测　推进事业转型升级［J］.中国测绘,2017(03):4-11.

［55］任晓茹.基于地理国情统计分析的资源环境承载力评价［D］.武汉:武汉大学,2017.

［56］任杰,钱发军,李双权,等.河南省生态系统胁迫变化研究［J］.中国人口·资源与环境,2015,25(S2):300-303.

［57］侯鹏,王桥,申文明,等.生态系统综合评估研究进展:内涵、框架与挑战［J］.地理研究,2015,34(10):1809-1823.

［58］马玉凤,李双权,潘星慧.黄河冲积扇发育研究述评［J］.地理学报,2015,70(01):49-62.

［59］陈洪全.滩涂生态系统服务功能评估与垦区生态系统优化研究［D］.南京:南京师范大学,2006.

［60］傅伯杰,赵文武,张秋菊,等.黄土高原景观格局变化与土壤侵蚀［M］.北京:科学出版社,2014.

［61］李文华,欧阳志云,赵景柱.生态系统服务功能研究［M］.北京:气象出版社,2002.

［62］钱红阳,刘国顺,闫琪,等.淮河源栎类天然次生林群落结构特征［J］.现代农业科技,2018(12):141-142.

［63］唐见,曹慧群,陈进.南水北调中线水源地生态服务价值核算［J］.人民长江,2018,49(11):29-34,42.

［64］李浩.南水北调中线水源区生态环境脆弱性研究［D］.郑州:华北水利水电大学,2018.

［65］马仲阳.南水北调水源区流域生态环境可持续发展研究［J］.河南水利与南水北调,2018,47(02):31-32.

［66］蛩志锋,林昊,张兴国,等.基于 RS 和 GIS 的淮河源土地利用变化及驱动力分析［J］.信阳师范学院学报(自然科学版),2017,30(03):393-396.

［67］高文文.流域尺度人类活动时空格局及水土流失效应分析［D］.北京:中国林业科学研究院,2017.

［68］胡洁,刘国顺,王晶,等.淮河源主要林地类型群落结构特征［J］.安徽农业科学,2017,45(03):182-183,186.

［69］董孟婷,唐明方,李思远,等.调水工程输水管道建设对地表植被格局的影响——以南水北调河北省易县段为例［J］.生态学报,2016,36(20):6656-6663.

［70］常国瑞,张中旺.南水北调中线工程核心水源区生态环境与经济协调发展探析［J］.湖北文理学院学报,2015,36(11):63-68.

［71］陈晓玲,何雄,刘海.南水北调中线工程核心水源区生态服务价值变化研究［J］.华中师范大学学报(自然科学版),2015,49(03):434-439.

［72］刘远书,高文文,侯坤,等.南水北调中线水源区生态环境变化分析研究［J］.长江流域资源与环境,2015,24(03):440-446.

［73］白景锋.基于县域的生态脆弱区人均粮食时空格局变动及驱动力分析——以南水北调中线水源区为例［J］.地理科学,2014,34(02):178-184.

［74］杨朝兴,冯德显,郭占胜.南水北调中线水源地石漠化问题及治理途径［J］.地域研究与开发,2013,32(03):104-107.

［75］霍霖,吕艺生,叶云.信阳市淮河源水源涵养功能恢复研究［J］.华北水利水电学院学报,2006(02):96-98.

［76］张乃群,马昭才,李锁平.淮河源国家森林公园植物资源研究［J］.南阳师范学院学报(自然科学版),2004(12):58-61.

［77］段绍光,王慈民,吴明作,等.河南省森林资源动态分析［J］.河南科学,2002,20(1):56-60.

［78］刘振波,刘杰.森林冠层叶面积指数遥感反演——以小兴安岭五营林区为例［J］.生态学杂志,2015,34(7):1930-1936.

［79］Millennium Ecosystem Assessment. 生态系统与人类福祉:评估框架［M］.张永民,等译.北京:中国环境科学出版社,2006.

［80］陈宜瑜, Beate Jessel,傅伯杰,等. 中国生态系统服务与管理战略［M］.北京:中国环境科学出版社,2011.

［81］罗明海. 城市地理国情统计分析研究与应用初探［J］.地理空间信息,2014,12(6):1-4.

［82］刘耀林,王程程,焦利民,等. 地理国情多层次统计分析与评价指标体系设计［J］.地理信息世界,2015,22(5):1-7.

［83］谢明霞,王家耀. 地理国情分类区划及分级评价模型［J］.测绘科学技术学报,2015,32(2):192-196.

［84］秦乐,罗露,杨洋. 基于地理国情普查数据的统计分析研究——以湖北省英山县农业分布为例［J］.农业与生态环境,2015,(16):107-108.

［85］李红,宋尚萍,王广福,等. 基于地理国情普查数据的综合统计分析研究——以试点区域北安市农业(耕地)变化统计分析为例［J］.测绘空间地理信息,2014,37(6):137-139.

［86］王高强. 基于空间统计分析方法的生态服务价值评价研究［J］.测绘工程,2015,24(7):65-72.

［87］吴迪,李冰,杨爱玲. 景观格局在地理国情综合统计分析中的应用——以三江自然保护区为例［J］.测绘与空间地理信息,2017,40(4):12-20.

［88］朱杰. 地理国情普查服务龙江"五大规划"实施初探［J］.测绘与空间地理信息,2014,36(6):2-3.

［89］Diaz S, Demissew S, Carabias J, et al. The IPBES conceptual framework: connecting nature and people［J］. Current Opinion in evironmental sustainability,2015,14:1-16.

［90］Chen J M, Sylvain G L, John R M, et al. Compact airborne spectrographic imager (CASI) used for mapping biophysical parameters of boreal forests[J]. Journal of Geophysical Research,1999, 104(22): 27945-27958.

[91] Pauline S, Miina R, Terhikki M,et al. Boreal forest leaf areas index from optical satellite images: model simulations and empirical analyses using data from central Finland[J]. Boreal Environment Research, 2008, 13: 433-443.

[92] Barr A G, Black T A, Hogg E H, et al. Inter-annual variability in the leaf area index of a boreal aspen-hazelnut forest in relation to net ecosystem production[J]. Agr. Forest Meteorol, 2004, 13-14: 237-255.

[93] Hogg E H, Brandt J P, Kochtubajda B. Growth and dieback of Aspen forests in northwestern Alberta, Canada, in relation to climate and insects[J]. Can J. Forest. Re. s, 2002, 5: 823-832.

[94] Margolis H A, Ryan M G. A physiological basis for biosphere-atmosphere interactions in the boreal forest: An overview[J]. Tree Physiol, 1997, 8-9: 491-499.

[95] Schwartz M D. Phenology and springtime surface-layer change[J]. Mon. Weather Re. v, 1992, 11: 2570-2578.

[96] Daily G C. Alexander S, Ehrlich P R, et al. Ecosystem services: benefits supplied to human societies by natural ecosystems[J]. Issues in Ecology, 1992,2:1-18.

[97] Costanza R, d'Arge R, Groot R, et al. The value of the world's ecosystem services and natura capital[J]. Nature, 1997, 38(7):253-260.